◆ BIM 系列丛书

初识 ARCHICAD

曾旭东　陈利立　曹　尚　著

中国建筑工业出版社

图书在版编目（CIP）数据

初识ARCHICAD / 曾旭东，陈利立，曹尚著 . —北京：中国建筑工业出版社，2018.8
（BIM系列丛书）
ISBN 978–7–112–22577–4

Ⅰ. ①初… Ⅱ. ①曾… ②陈… ③曹… Ⅲ. ①建筑设计 — 计算机辅助设计 — 应用软件 — 教材 Ⅳ. ① TU201.4

中国版本图书馆CIP数据核字（2018）第185264号

本书内容没有采用菜单式的讲解模式，而是针对一个建筑小品项目，就ARCHICAD软件在现实设计过程中的各种使用场景进行讲解。着重于BIM技术的落地性，结合项目案例来进行教学指导，不再局限于理论层面的讲解。更多的是教会读者在实际工程项目中，如何掌握BIM设计工作的流程和实施方法。

本书以授课的形式进行内容讲解，每节课程完成建筑小品中的一部分内容。所有内容分步骤进行阐述，并且在课程中提供了操作步骤的视频下载，方便读者反复学习使用。

本书中使用的项目文件预设了部分参数值，为的是在学习过程中读者能够快速有效地了解ARCHICAD在每个使用场景下的工作模式和解决思路。而不是一开始就让读者陷入无穷尽的参数设置中，反而对工作流程和全局的解决思路没有正确的认识。

本书适用于建筑类的工程设计人员、大中专院校师生，对BIM有基本概念认识、想要学习BIM在实际工作中的工作流程和实施方法的读者使用。

责任编辑：曹丹丹
责任校对：王　瑞

BIM 系列丛书
初识ARCHICAD
曾旭东　陈利立　曹　尚　著
*
中国建筑工业出版社出版、发行（北京海淀三里河路9号）
各地新华书店、建筑书店经销
北京点击世代文化传媒有限公司制版
北京富诚彩色印刷有限公司印刷
*
开本：787×1092毫米　1/16　印张：6¼　字数：146千字
2018年8月第一版　2018年8月第一次印刷
定价：58.00元
ISBN 978-7-112-22577-4
（32656）

版权所有　翻印必究
如有印装质量问题，可寄本社退换
（邮政编码 100037）

前言

BIM 技术的推广在国内已经有不短的一段时间了，不管是行业中的龙头企业或者政府层面的推动也都不在少数，但大多雷声大雨点小。甚至在一些人的眼中 BIM 成了一个噱头，一种宣传口号。在这样的市场环境下不禁让人怀疑 BIM 对于我们到底意味着什么。

不管我们在字面上如何去解释 BIM，但本质上它就是设计工具，是顺应行业和社会发展需要而出现的工具。以前为了摆脱图板绘图的低效率、不易修改等问题，我们从手工制图转变为二维计算机制图。而现在我们需要从粗放设计向精细化设计转型，这样的转型不仅是建筑行业本身的转型，更是国家经济发展层面从粗放式的经济发展模式向集约化经济发展模式的转型。而 BIM 是这个转型过程中的必要技术基础，所以 BIM 是我们每个从业者需要掌握的技能。很多时候我们把 BIM 理解为设计之外的工作，实际上这个想法是不准确的。BIM 设计只是在传统二维设计基础上要求设计师完成更精细化的设计内容，使得设计数据在建筑生命周期中被不断地深化沿用。

比起 BIM，虚拟建造是我们更愿意谈的一个概念，也就是在软件这样一个虚拟的建筑平台中，虚拟建造未来要建成的建筑。在这个过程中我们不断深化设计内容，解决未来建造和使用过程中可能出现的问题，最终以一个趋近完美的状态进行成果交付。当然，在目前的行业发展水平下，很难一步实现这样理想的工作方式。但是，要有这样的理念才能正确引领 BIM 的技术发展方向。

同时，我们也强调 BIM 设计的专业性。BIM 技术既然是给设计师的工具，是用来替代传统二维设计手段的工具，那它就应该被每个专业的设计师所使用，我们始终提倡专业的人做专业的事情。

本书以正向设计的理念，引导设计师开始逐步运用 BIM 完成设计，本书并没有像其他教程一样，样样俱全，所有功能、设置一一讲解，但是希望通过此书，让读者能够建立正确的 BIM 工作流程概念。

目 录

CONTENTS

第 1 课　BIM 的概念 1

第 2 课　ARCHICAD 界面 3
　　第 1 节　打开文件 4
　　第 2 节　熟悉界面 5

第 3 课　在 ARCHICAD 中浏览 11
　　第 1 节　浏览平面图 12
　　第 2 节　浏览 3D 模型 12
　　第 3 节　视图 17

第 4 课　外部结构 23
　　第 1 节　放置元素 24
　　第 2 节　创建幕墙系统 34
　　第 3 节　修改幕墙 36
　　第 4 节　创建楼层 42
　　第 5 节　绘制平屋顶 42
　　第 6 节　创建女儿墙 43
　　第 7 节　放置楼梯 44

第 5 课　内部结构 47
　　第 1 节　创建内墙 48
　　第 2 节　放置门 52
　　第 3 节　镜像门 54

| 第 4 节 | 3D 图库部分 | 55 |
| 第 5 节 | 合并文件 | 60 |

第 6 课　尺寸标注 ... 61
第 1 节	手动标注	62
第 2 节	自动尺寸	67
第 3 节	创建剖面图	70
第 4 节	立面标注	71

第 7 课　可视化 ... 75
第 1 节	渲染	76
第 2 节	导入背景图片	77
第 3 节	放置 2D 对象	79
第 4 节	创建 3D 文档	82
第 5 节	3D 样式	85

第 8 课　布图 ... 87

在本课程结束时，我们将熟悉 ARCHICAD 的基本建模和文档概念。

如何获得 ARCHICAD？如果您还没有安装 ARCHICAD，请访问 http://www.graphisoft.com/downloads/ 以获取免费的安装程序，并按照步骤进行操作。要完成这个课程，需要安装 ARCHICAD 21。

初识 ARCHICAD

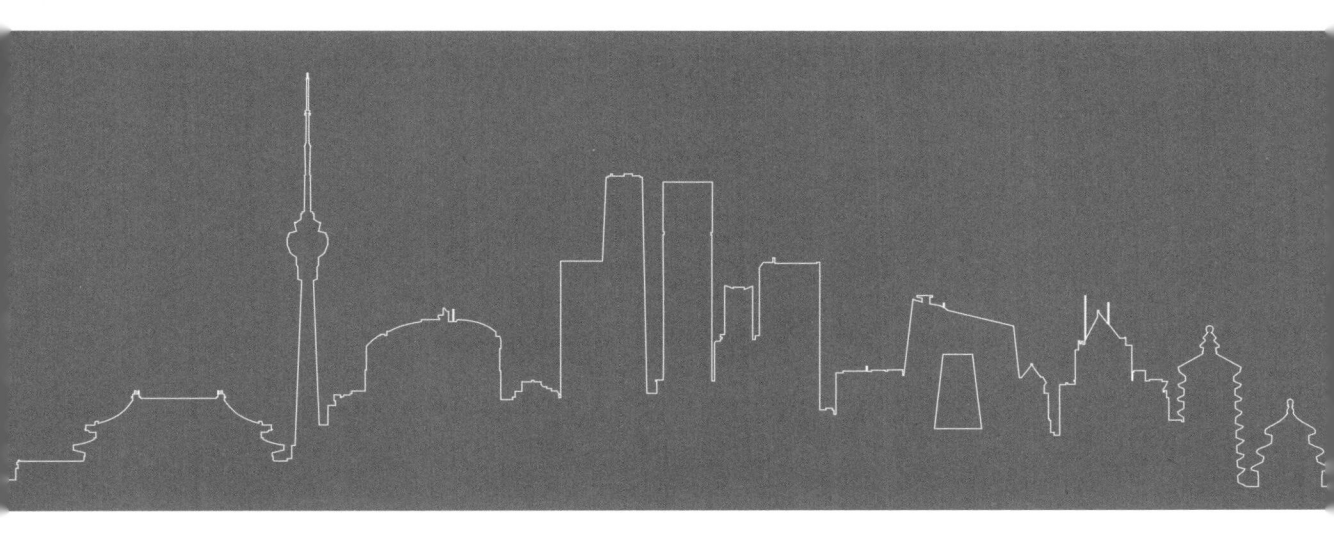

第 1 课

BIM 的概念

在本节课中，我们将对 BIM 的概念有一个基本的理解。完成本节课的学习后，我们将熟悉 BIM 的定义及 BIM 在建筑软件中的含义（图 1.1）。

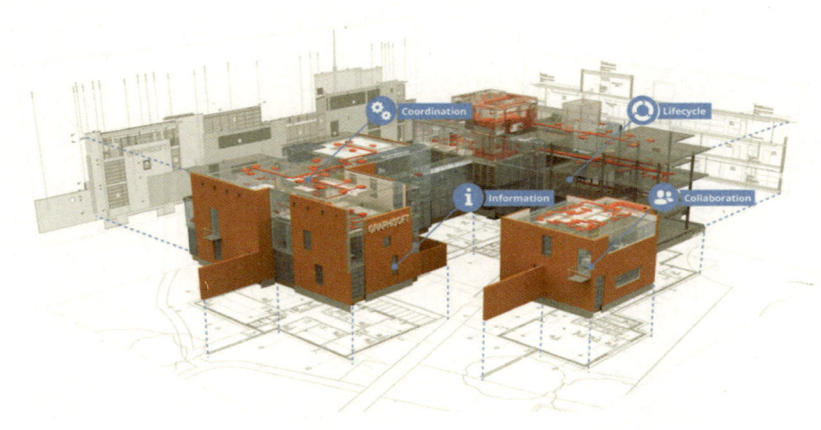

图 1.1

美国建筑师协会提出，BIM 的概念主要关注的是建筑物数据的表达，除此之外还有许多其他方面，例如在项目的全生命周期，与不同的参与方进行信息共享。

在 ARCHICAD 中创建建筑信息模型意味着：

①所有与项目相关的文档（相关的图纸、清单和布图）都存储在一个单独的项目文件中；

②文档（相关图纸、清单和布图）与三维模型关联，在文档中所作的任何更改将更新到 3D 模型和所有其他相关文档（反之亦然）。

③除了几何参数之外，还可以使用构件元素来存储丰富的非几何参数，在项目的任何阶段，我们都可以通过列表或清单的形式从建筑信息模型中提取这些参数。

④ARCHICAD 预装了超过 1000 个通用构件图库，这些对象具有参数化特性，并支持根据本地标准进行定制。

为了更深入地了解本节课的内容，请扫二维码观看视频，并通过视屏页面下方的链接下载"建筑小品 .pla"文件，然后继续完成操作培训。

初识 ARCHICAD

第 2 课

ARCHICAD 界面

- 第 1 节　打开文件
- 第 2 节　熟悉界面

初识ARCHICAD

在本节课中，我们将打开一个项目并熟悉ARCHICAD界面。请下载练习文件"建筑小品.pla"。完成本节课的学习后，我们将能够在正确的位置找到合适的工具。

第1节 打开文件

第一步：通过单击应用程序图标，如图2.1所示，打开ARCHICAD21。

会出现一个对话框，如图2.2所示。我们可以选择创建一个新项目或打开现有的项目。

图 2.1

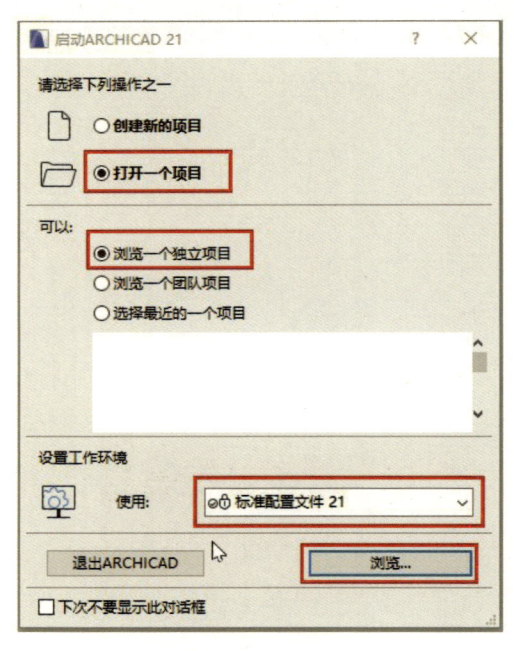

图 2.2

第二步：选择"打开一个项目"，在对话框的第二部分中选择"浏览一个独立项目"，选择"标准配置文件 21"作为工作环境，然后单击"浏览"。

第三步：在浏览器对话框中，找到并打开"建筑小品.pla"项目文件。

如果使用的是ARCHICAD教育版，则会弹出一条消息，如图2.3所示，提示将项目转换为教育版格式。

图 2.3

第四步：单击"转换到教育"按钮。

由于正在打开的是存档文件（pla 文件），其中包含了创建项目时使用的所有外部元素，因此 ARCHICAD 会询问用户如何处理这些元素。这时候，只需要保持所有的项目元素位于存档文件之中即可。

第五步：保持默认设置，单击"打开"，如图 2.4 所示。

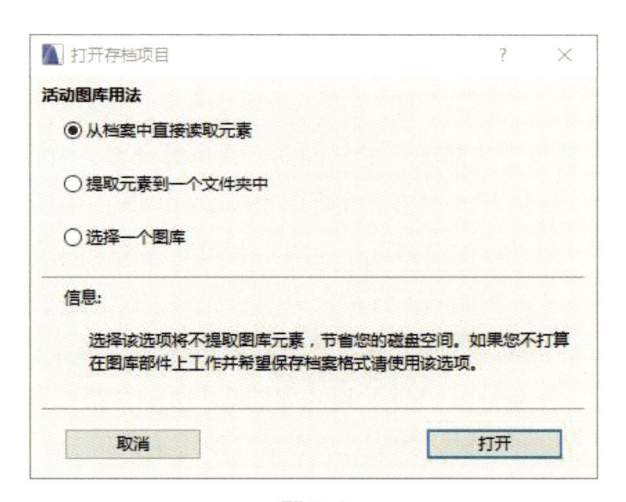

图 2.4

如果出现"更新图纸"对话框，请单击"跳过全部"按钮，此阶段暂不需要更新图纸。

第 2 节　熟悉界面

本节我们将要熟悉 ARCHICAD 的操作界面。ARCHICAD 是由建筑师主导开发、

初识 ARCHICAD

为建筑师量身定做的设计软件，因此，易于理解的图形界面和视觉反馈将帮助您快速熟悉程序的功能，如图 2.5 所示。

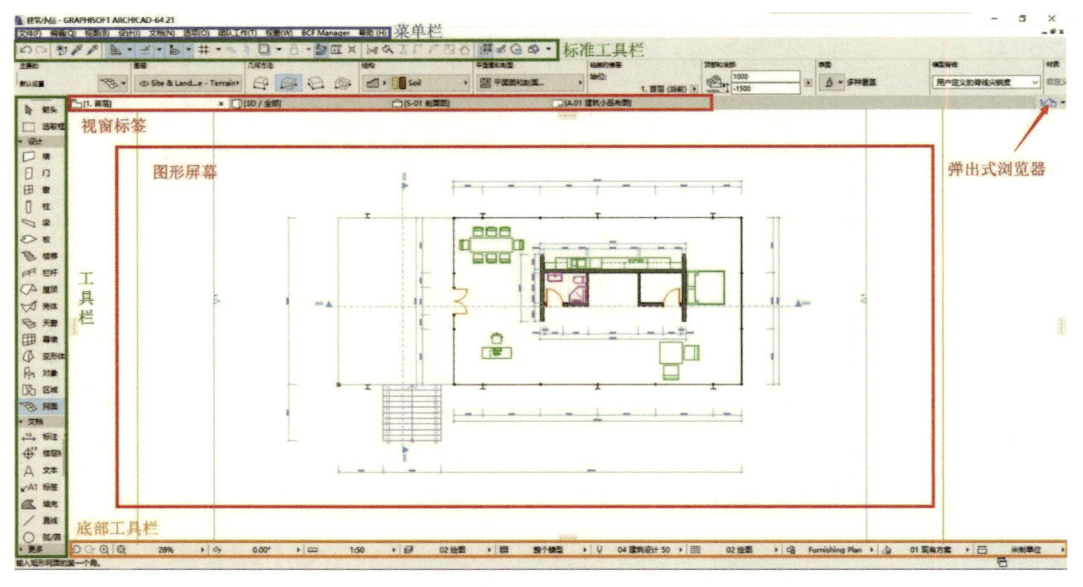

图 2.5

界面的中心部分显示了当前项目的平面图。在屏幕顶部，视窗标签栏中显示了其他打开的视窗。在屏幕底部，工具栏中的一组图标可以帮助我们进行视窗浏览、绘图比例和缩放比例的设置。

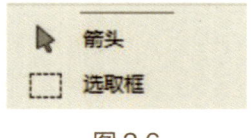

图 2.6

左侧的工具箱分为四个部分，包含搭建 3D 模型和绘制图纸所需的所有工具。将其横向拉伸可以查看各个工具的名称。第一部分是选择工具，如图 2.6 所示。第二部分中主要包含以下设计工具，如图 2.7 所示。使用第三部分，可以激活文档工具，如图 2.8 所示。第四部分是一些常用的其他工具，如图 2.9 所示。

右侧的弹出式浏览器列出了项目包含的所有内容，在这里我们可以在楼层之间跳转，也可以跳转到三维视窗、剖面图视窗、立面图视窗来查看更多细节，如图 2.10 所示。

顶端的菜单栏中列出了所有可用的命令，并按照使用逻辑分组。文件、编辑和查看等功能都可以从相应的菜单中选择，如图 2.11 所示。

设计和出图在真实工作场景中实际上是两个不同的工作阶段，所以对应的命令和功能分别放在了"设计"和"文档"菜单中。选项菜单中的各项命令主要用于调节基本设置和工作环境，如图 2.12 所示。

图 2.7　　　　　图 2.8　　　　　图 2.9

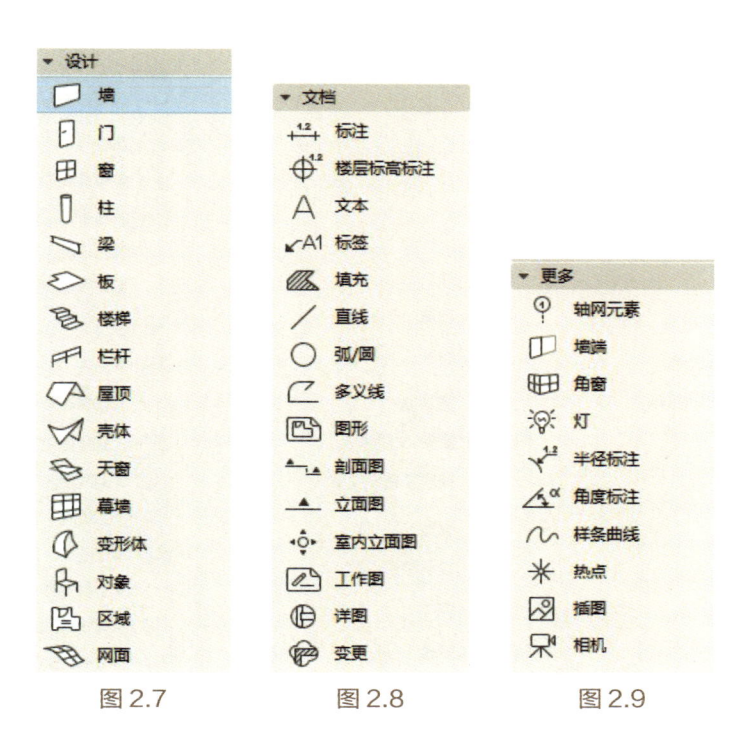

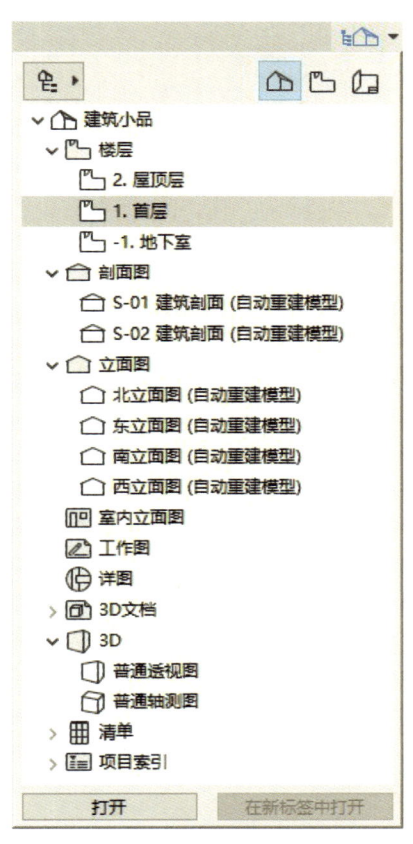

图 2.10

初识ARCHICAD

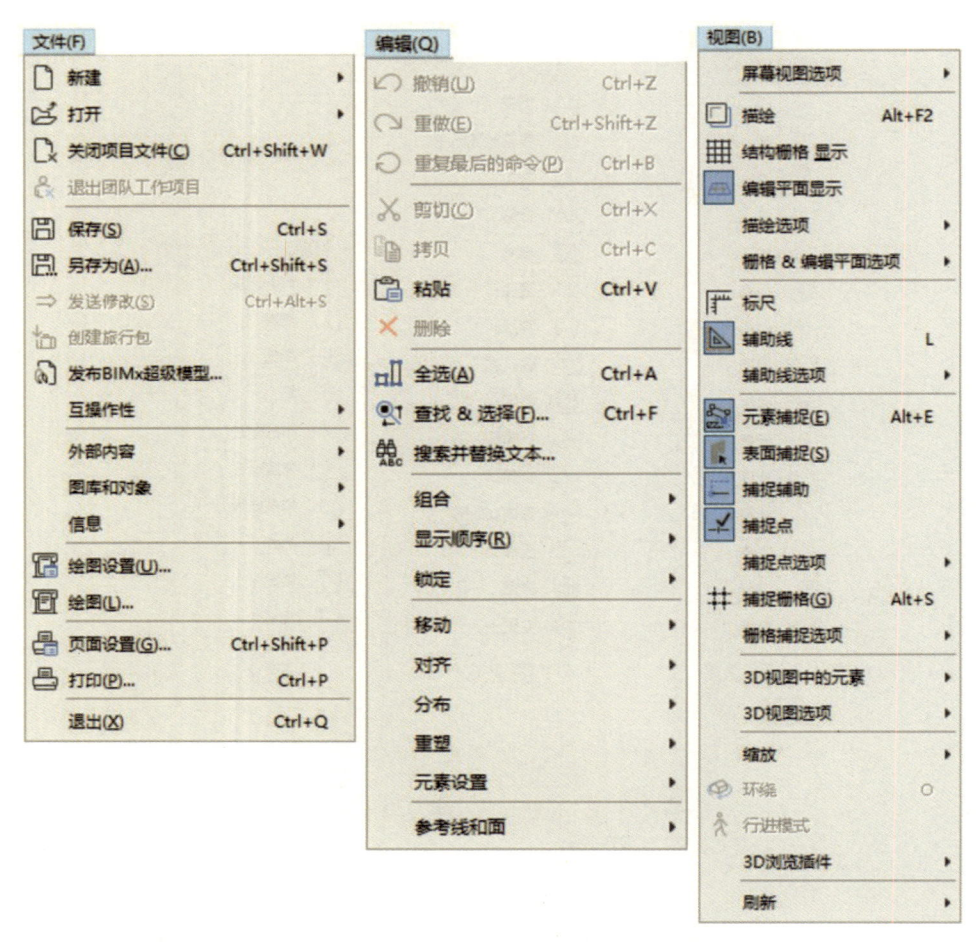

图 2.11

"团队工作"菜单支持协同工作,"视窗"菜单用于设置工具栏和面板,如图2.13所示。

标准工具栏包含了一些可以从菜单中调用的命令和功能。它位于菜单栏下方,支持完全自定义(整个用户界面可以通过工作环境来重新排布,方便进行快速的重复工作)。

信息框显示了所选择的工具或元素属性的当前设置。尝试单击工具箱中的不同工具,查看信息框中的变化。

▶ 第2课　ARCHICAD 界面

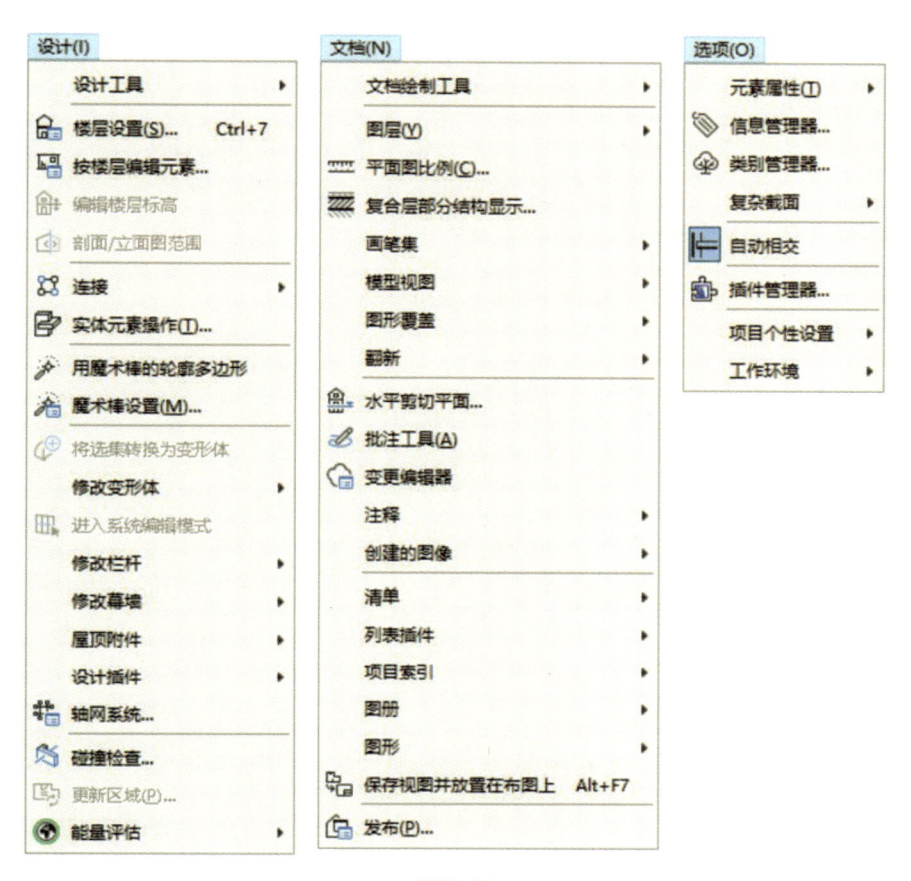

图 2.12

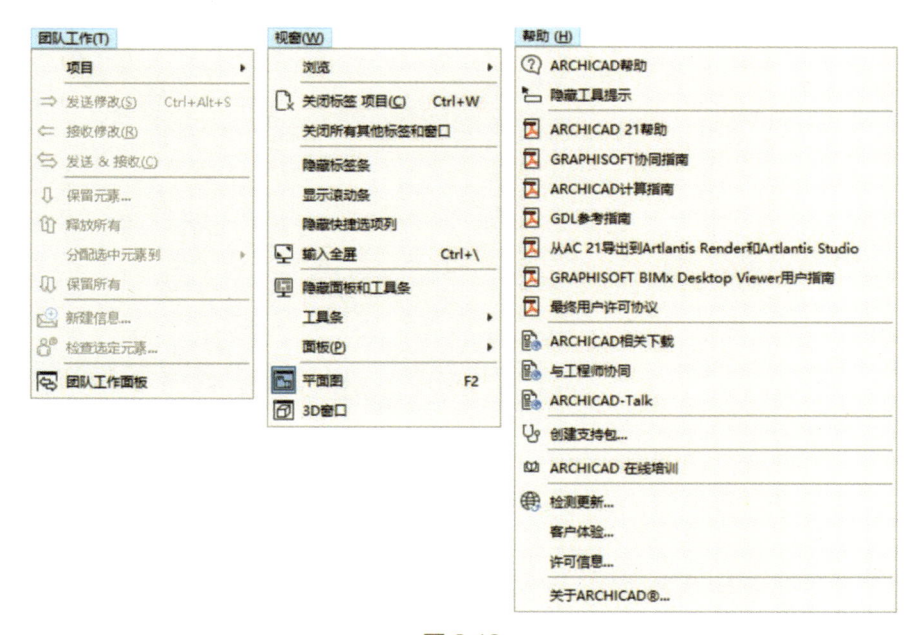

图 2.13

初识 ARCHICAD

第 3 课

在 ARCHICAD 中浏览

- ◆ 第 1 节　浏览平面图
- ◆ 第 2 节　浏览 3D 模型
- ◆ 第 3 节　视图

初识 ARCHICAD

在本节课中，我们将学习缩放和平移等命令，同时学习使用视窗标签栏、浏览 3D 模型，并熟悉各种视图。完成本节课的学习后，我们将学会基本浏览工具的使用，并对项目浏览器有基本的认识。

为了更深入地了解本节课的内容，请扫二维码观看视频然后继续完成操作培训。

第 1 节　浏览平面图

现在来学习如何查看平面图。

第一步：在平面图底部的图标，选择增加缩放，如图 3.1 所示。光标将变成放大镜。

图 3.1

第二步：界定一个矩形区域进行视图放大。单击矩形对角线上的左上角和右下角点，定义放大区域，如图 3.2 所示。

双击后，在主窗口中，平面图已经缩放到选定的视图范围，如图 3.3。

尝试其他工具图标，减小缩放、适应窗口或在上一个视图和下一个视图之间切换。

另一种快速浏览视图的方法是：将光标放置在主窗口，按住鼠标滚轮来实时视图平移，或者双击滚动按钮以激活适合窗口命令。向外滚动鼠标滚轮将会放大视图，而向内滚动则会实时缩小视图。此时光标所在位置将作为视图缩放的中心点。上述技巧可以让用户在视图中快速地进行浏览。

第 2 节　浏览 3D 模型

在 ARCHICAD 中，每个建筑元素都会以 3D 形式表现出来。示例项目不仅包括 2D 文档，还包括整个 3D 建筑模型。我们可以使用视窗标签栏或浏览器在平面视窗和

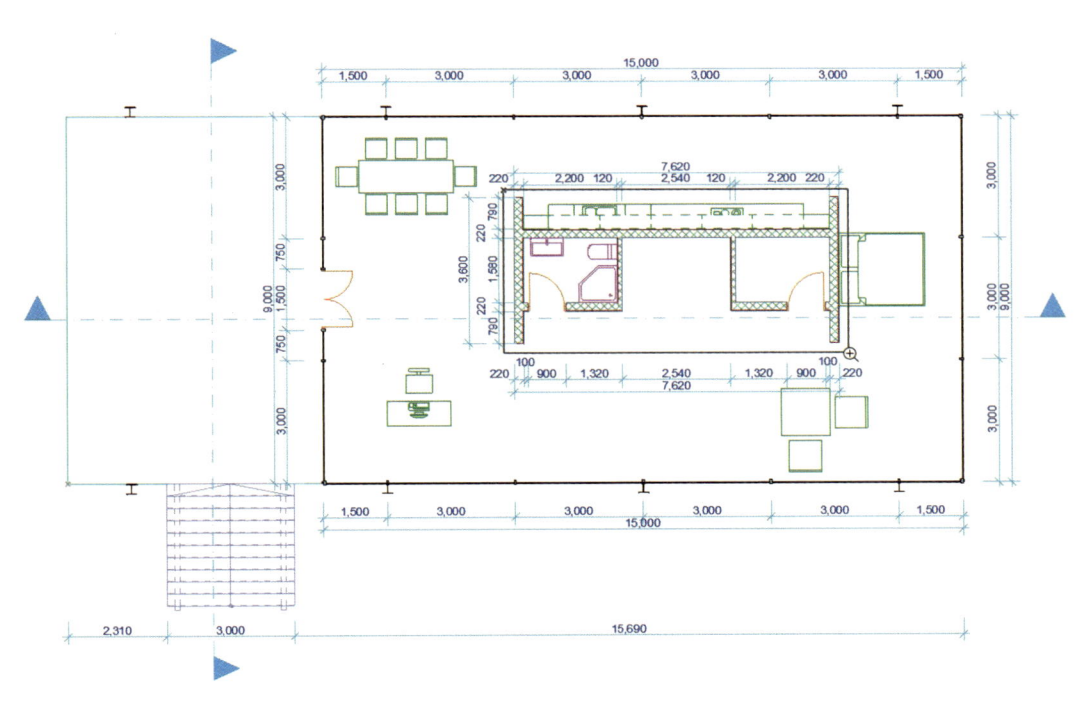

图 3.2

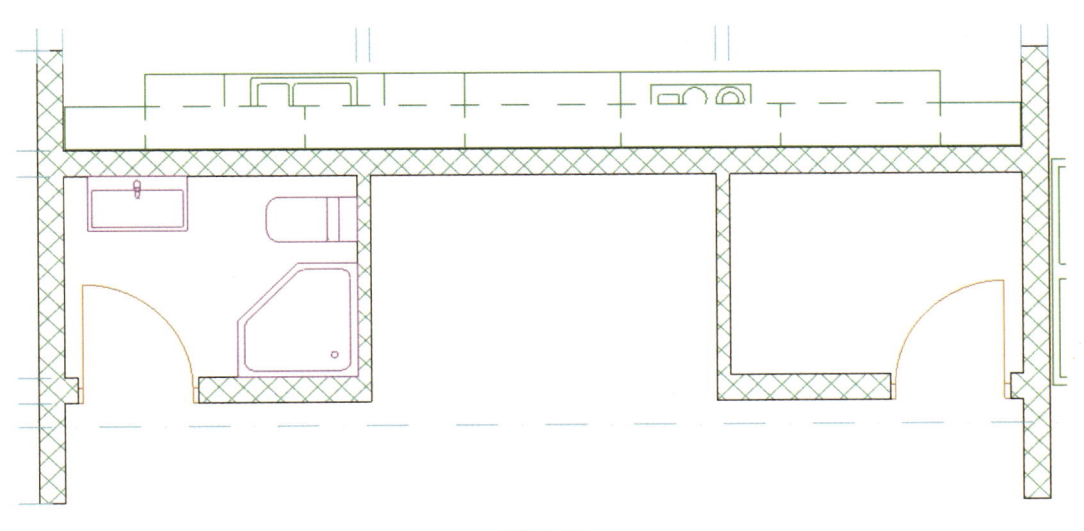

图 3.3

3D 视窗之间切换。

  视窗标签栏在 ARCHICAD 工作区域的顶部默认可见，目前打开了一个平面图视窗和一个 3D 视窗。使用视窗标签栏，只需要单击相应的视窗标签即可激活视窗，或在不同视窗之间切换。从一个视窗标签切换到另一个视窗标签后，视图或者视点的设置将保留上一个视窗设置的结果。我们可以在"选项"→"工作环境"→"更多选项"

菜单命令中改变视窗标签栏的设置。要打开和关闭视窗标签栏，请使用"视窗"→"显示/隐藏标签条"菜单命令，如图 3.4 所示。

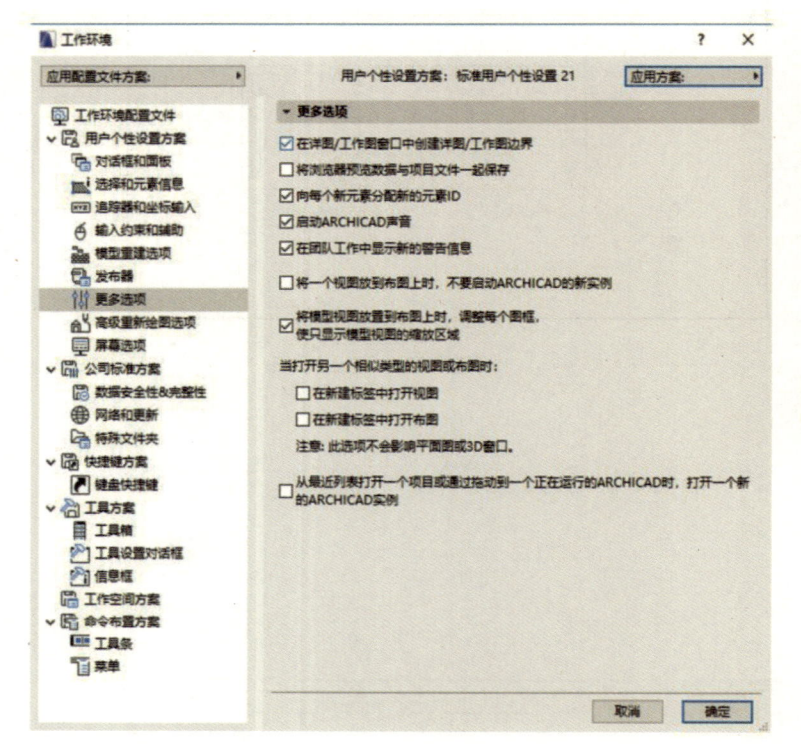

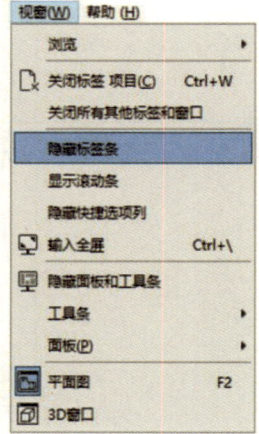

图 3.4

下列快捷方式可以帮助我们进行切换视窗。

①平面图视窗：F2；

② 3D 视窗：F3；

③普通透视图：Shift + F3；

④普通轴测图：Ctrl + F3；

⑤上个剖面图：F6；

⑥上个布局：F7。

3D 模型可以在轴测图或透视图中显示，打开 3D 视图中的轴测图进行以下操作。

第一步：转到弹出式浏览器项目树状图中的 3D 视图部分，然后双击"普通轴测图"，如图 3.5 所示。

打开 3D 轴测图，如图 3.6 所示。

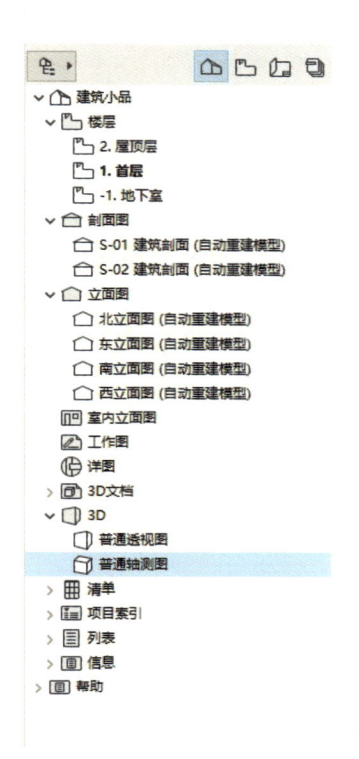

图 3.5

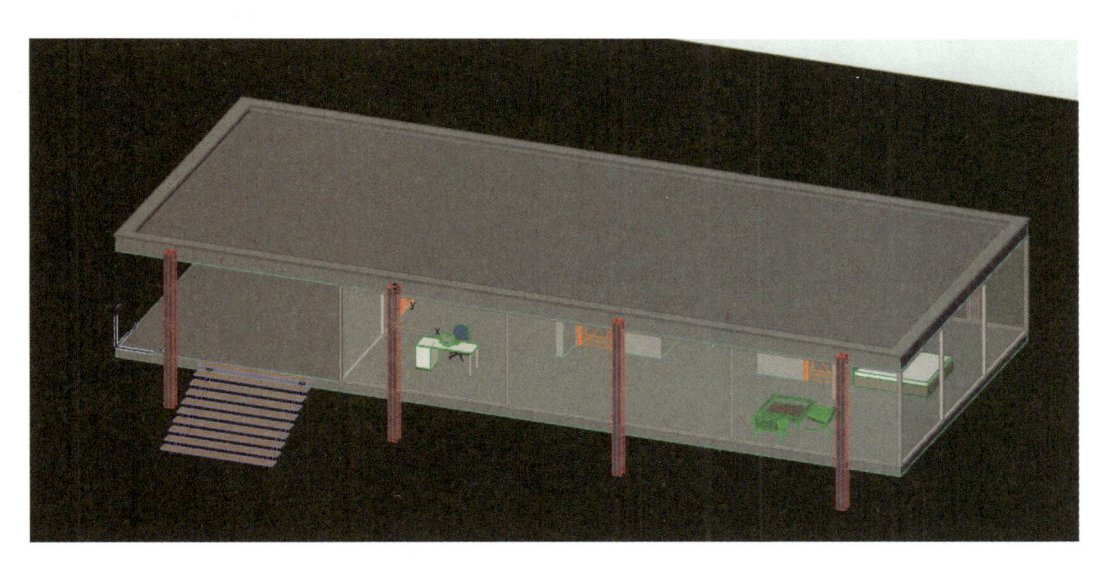

图 3.6

在 3D 视图中，实时浏览工具（缩放和平移）与在楼层平面图中的功能完全一样。在模型中浏览有两种不同的方式：环绕和行进。我们来看看是如何使用这两个功能的。

第二步：从底部的工具栏选择环绕图标，如图 3.7 所示。光标会变成环绕符号。

图 3.7

第三步：按住鼠标左键并拖曳鼠标，从各个角度查看建筑物。在环绕模式下，实时缩放和平移仍然可以使用。

第四步：尝试使用透视图方式浏览整个模型。要退出环绕模式，请按 Esc 键。如果使用带滚轮的鼠标，就可以用鼠标滚轮缩放和平移——滚动鼠标滚轮进行缩放，按住鼠标滚轮来平移 3D 模型。

另一种浏览建筑物的方式如下：

第五步：从弹出式浏览器的 3D 部分双击普通透视图。3D 视图如图 3.8 所示。

图 3.8

在这个视图中，环绕、实时缩放和平移功能与轴测图中的使用方法是相同的，区别在于在此处受影响的是相机位置，而不是投影图像。

第六步：对于 3D 模型另一种不同的查看方式，通过从底部工具栏中选择行进按钮进入第一人称视角模式，如图 3.9 所示。

图 3.9

弹出的对话框中解释了如何控制行进，控制方式与第一人称射击电脑游戏非常相似，如图 3.10 所示。

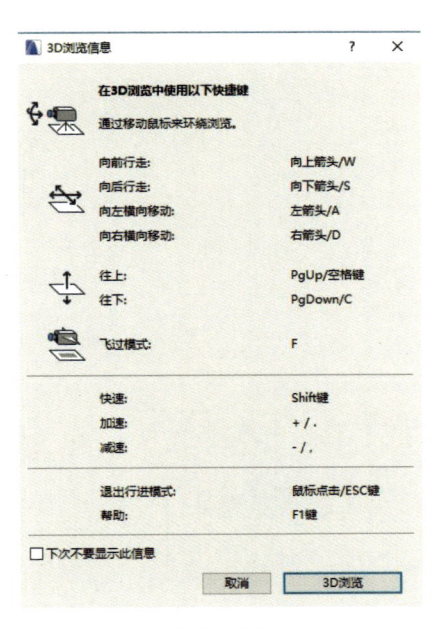

图 3.10

第七步：熟悉控制方式之后，单击"3D 浏览"在建筑物内虚拟漫游。用户可以在这个"游戏"中穿过墙壁、门等，更加真实地感受空间布局。

第八步：要退出行进模式，按 Esc 键。

第九步：单击"1. 首层"视窗标签，回到平面图。

第 3 节 视图

建筑文档涵盖对建筑物同一视图的多种不同诠释。例如，对于指定的楼层，我们需要施工图平面图、顶棚投影图、结构图平面图、家具布置平面图等。

此外，结构工程师、电气工程师以及 HVAC（暖通）系统工程师等项目参与人员都需要不同的文档。ARCHICAD 通过视图保证以上所有文档可以整合在一个 BIM 数据模型中完成，从而保证更高的协同配合效率、更好的图纸一致性和数据完整性。

到目前为止，我们只使用了弹出式浏览器的第一部分，即项目树状图部分。

第一步：打开弹出式浏览器。

第二步：单击项目树状图右边的按钮，如图 3.11 所示，这是浏览器的视图映射部分。如图 3.12 所示，这部分列出了不同的文件夹。

第三步：双击"家具平面布置图"中的"1.首层"，即显示一楼的家具布置图，如图 3.13 所示。

图 3.11

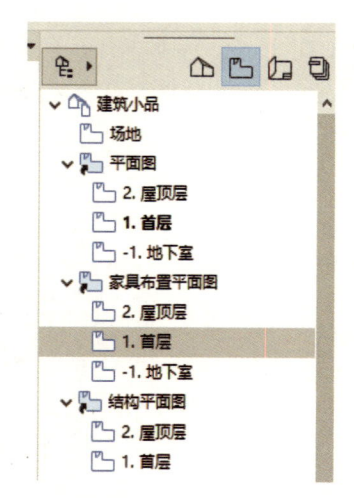

图 3.12

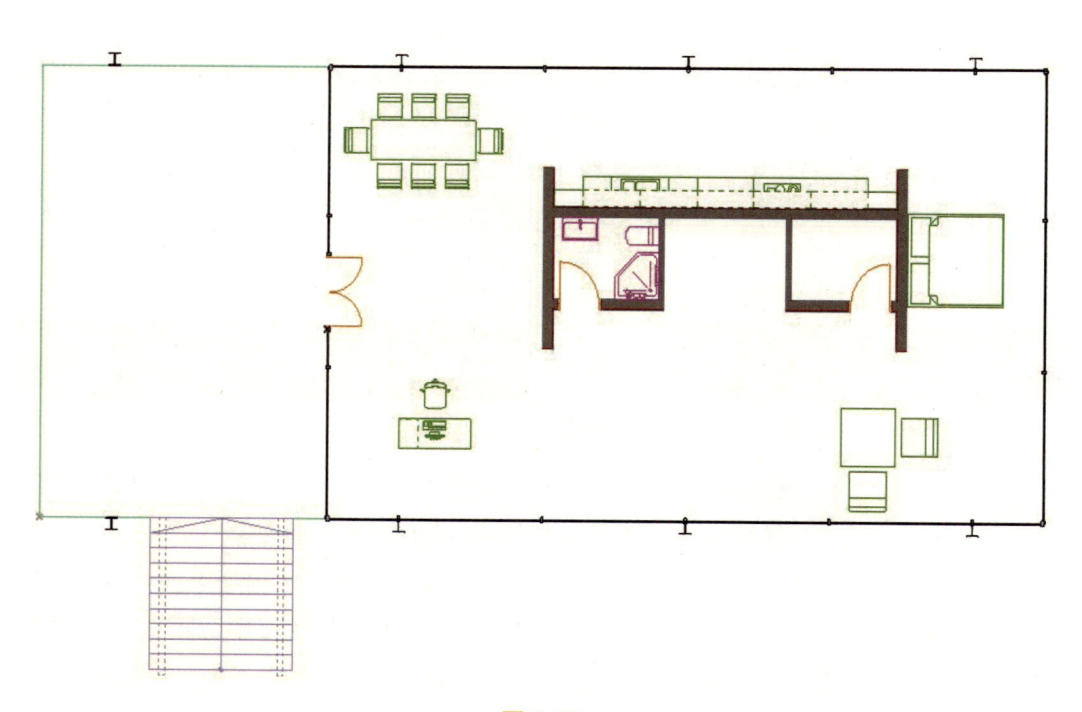

图 3.13

这个视图与我们之前一直看到的平面图最明显的区别是：所有的标注、立面和剖面标记都消失了。这是因为当转到"家具平面布置图"文件夹中的视图时，某些图层被关闭了（图层就像透明的描图纸一样互相叠加，如果我们从一叠图纸中抽出一张，这一张的内容即不可见）。另外一个明显的区别是：墙显示为实心填充。

影响一个视图有七个主要要素，所有这些要素都可以使用底部的工具栏进行设置。

第一个要素是绘图的比例，如图 3.14 所示。例如递交相关部门报批的计划图纸通常比施工图纸的比例小。在 ARCHICAD 中，门、窗或其他自定义元素对象的尺寸会随比例变化而变化，也就是说，它们的 2D 表达会随之变化，最终呈现取决于当前绘制比例。

图 3.14

第二个要素是图层设置，如图 3.15 所示，决定了指定视图上图层的显示和隐藏。这里，图层设置已经被预先设定并命名，此处选择的是"02_1 家具布置"。

图 3.15

第三个要素是复合层部分结构显示，如图 3.16 所示。复合结构反映了构造做法，根据图纸内容的表达要求，可以对这些构造层的显示方式进行调整。例如在平面图表达中通常只需要显示作为核心层的砖墙，而不需要显示装饰面层等构造层。我们可以选择其中的一个选项：

①整个模型（即显示所有构造层次）；

②无饰层（不显示饰面层）；

③仅核心层（仅显示核心层，如作为核心层的砖墙或混凝土墙体）；

④仅承重元素的核心（仅显示被设置为承重结构的核心层，如作为核心层且被设置为承重结构的混凝土剪力墙）。

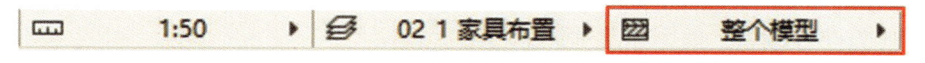

图 3.16

第四个要素是画笔集，如图 3.17 所示。可以定义不同的画笔，每个画笔对应不同的颜色和线型粗细。

图 3.17

第五个要素是模型视图选项，如图 3.18 所示。这些设置控制 ARCHICAD 的元素显示方式，不仅仅是切换可见性。这些组合也是预先设置的，例如可以设置窗的显示方式为中国四线窗的形式。

图 3.18

第六个要素是图形覆盖，如图 3.19 所示。它可以根据特定属性改变元素的表现方式，可以是 2D 表达方式，也可以是 3D 中元素的表达方式。

图 3.19

第七个要素是翻新过滤器，如图 3.20 所示。支持在项目的不同阶段提供每个元素状态的视觉反馈。例如可以将新建的墙体以红色进行表达，而现有墙体按照原样显示。

图 3.20

视图就是被这些要素，加上缩放、标注和一些其他因素定义的。

第四步：打开弹出式浏览器，在视图映射中，右键单击家具文件夹中的"1. 首层"并选择视图设置命令，如图 3.21 所示。

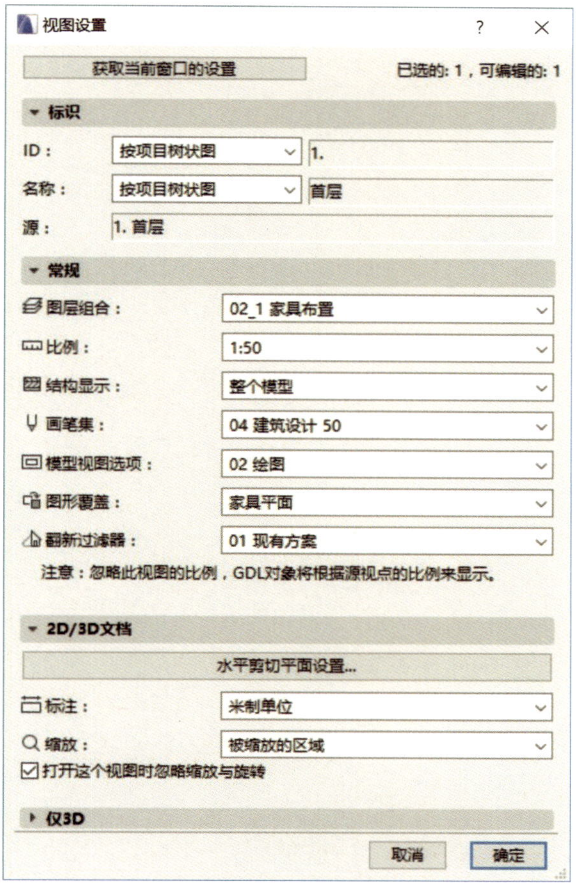

图 3.21

在这里可以设置并保存所有视图设置。请注意：该视图设置不仅适用于平面图，还适用于其他视图，如剖面、立面、3D 文档、详图等。我们将在后面学习如何设置这些参数。

第五步：单击"取消"，关闭此对话框。

第六步：选择"文件 ... 关闭项目"菜单命令，在即将出现的对话框中，单击"不保存"。

初识 ARCHICAD

第 4 课

外部结构

- 第 1 节　放置元素
- 第 2 节　创建幕墙系统
- 第 3 节　修改幕墙
- 第 4 节　创建楼层
- 第 5 节　绘制平屋顶
- 第 6 节　创建女儿墙
- 第 7 节　放置楼梯

初识 ARCHICAD

在本节课中，我们将创建建筑外围的幕墙和屋顶。在创建过程中逐渐熟悉 ARCHICAD 软件中建筑元素的设置步骤及其创建方式。这里我们将使用的案例文件是"建筑小品 00.pln"。完成本节课的学习后，按照本课的内容，一步一步完成相应的练习，我们将逐渐熟悉如何使用 ARCHICAD 快速精确地放置单个或多个建筑元素。

本课的目的是让我们能够快速地熟悉 ARCHICAD 中模型创建和出图的要点。我们将基于一个预设的项目文件，这个文件中已经包含了各种必要的项目设置、图库和元素属性。

为了更深入地了解本节课的内容，请扫二维码观看视频，并通过视屏页面下方的链接下载"建筑小品 00.pln"文件，然后继续完成操作培训。

第一步：通过"文件"→"打开"→"打开"，调出"打开文件"对话框，选择"建筑小品 00.pln"项目文件，单击"打开"按钮，开启文件。

第二步：如果使用的是 ARCHICAD 教育版，在接下来弹出的对话框中单击"转换为教育版"按钮即可。

第三步：第一次打开项目文件时，会提示丢失图库，这里我们需要手动加载一次图库。通过菜单"文件"→"图库和对象"→"图库管理器"，调出图库管理器对话框，如图 4.1 所示。找到对话框中的"添加"按钮，通过文件对话框找到已下载的"案例图库"文件夹，单击"确定"完成图库加载，如图 4.2 所示。

第 1 节 放置元素

放置元素通过以下步骤完成。

第一步：激活工具箱中的板工具。

第二步：打开板工具默认设置对话框，可以通过双击工具箱中的板工具图标，也可以单击信息框中的设置对话框按钮，如图 4.3 所示。

▶ 第 4 课　外部结构

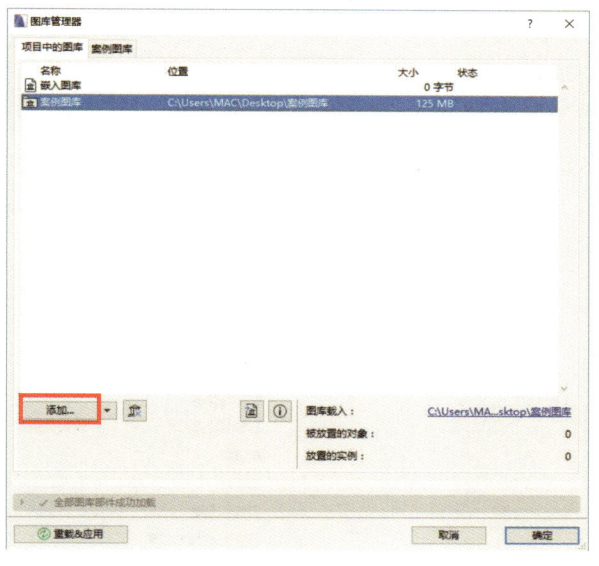

图 4.1

图 4.2

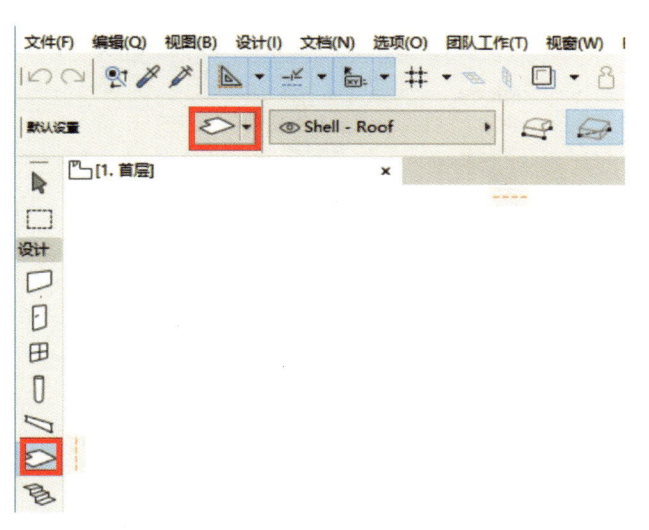

图 4.3

　　ARCHICAD 中的每一个工具都有各自的默认设置对话框，如图 4.4 所示。在默认设置对话框中设置的这些参数将被如实地反映在新创建的建筑元素中。如果建筑元素已经创建并放置到模型中，改变工具的默认设置，将不影响这些已创建的建筑元素。要修改已存在建筑元素的相关参数，首先选中要修改的建筑元素，然后打开元素的选择设置对话框（在工具箱中双击当前工具的图标或者在信息框中单击设置对话框图标）。需要注意的是，在当前工具选择设置对话框中修改的参数不会对默认设置对话框中的参数产生影响。

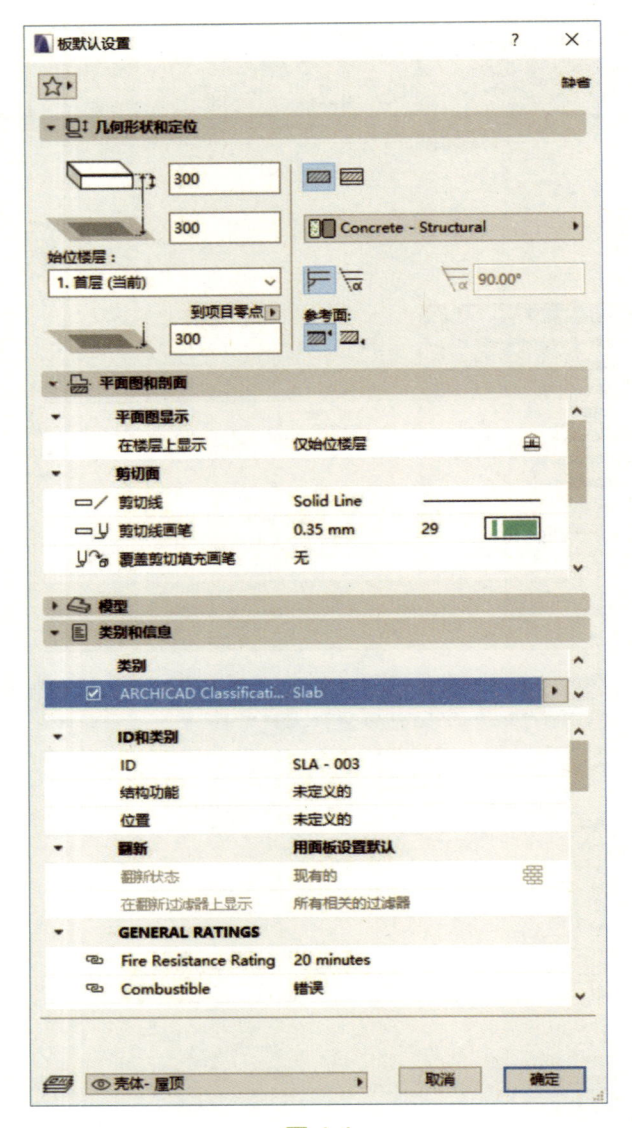

图 4.4

大多数 ARCHICAD 工具的设置对话框都包含了几个面板。

①在"几何形状和定位"面板中我们可以定义建筑元素的几何要素，包括建筑元素本身的高度、形状及 Z 轴放置位置。

②在"平面图和剖面"面板中我们可以设置建筑元素在 2D 中的表达方式，例如平面表达方式和剖切面表达方式。我们可以设置元素的属性（或者在 2D 中表达的符号样式）来控制元素在 2D 中的表达方式。

③在"模型"面板中，我们可以设置建筑元素在 3D 中看起来的样子。表面的材质和纹理可以在这个面板中去设置。

④在"类别和信息"面板中我们可以赋予创建的建筑元素更多属性信息。这些信息在与其他专业配合以及协同时至关重要。

在最后，我们可以为建筑元素选择一个图层。图层可以用来控制建筑元素的显示和隐藏，并配合模型视图选项用于满足不同的图纸内容表达要求。

稍后，我们将手动设置这些参数，设置出需要的建筑元素形状、放置位置及表达要求。但在这个练习项目中，我们先使用预设置的参数，我们称其为"收藏夹"。通过收藏夹我们可以将常用的工具设置保存下来，以便后续快速的调用。

第三步：单击左上角的按钮，选择收藏夹中的"楼板"，如图4.5所示，并双击应用这个设置。请注意在这个过程中设置对话框中参数的变化。

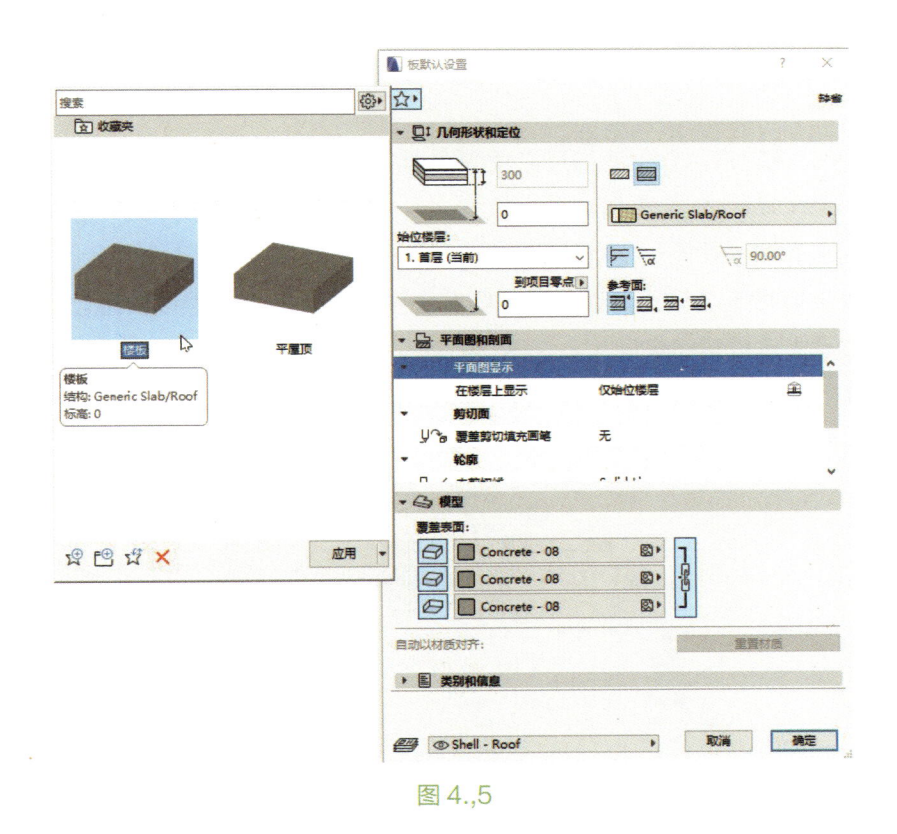

图4.5

第四步：单击"确定"退出设置对话框。

第五步：在信息框中，选择创建楼板的几何方法为矩形，如图4.6所示。

图4.6

初识 ARCHICAD

第六步：单击项目原点，项目原点在平面中用加粗的 X 图标表示。向右上角移动光标并输入"21000"（宽度），用 <Tab> 键跳转到下一个输入项，输入"9000"（宽度），如图 4.7 所示，按 <Enter> 键结束输入。

图 4.7

注意：在 ARCHICAD 中我们可以使用图形和数字两种输入方式。在放置建筑元素的过程中，ARCHICAD 会将鼠标单击的第一点作为临时坐标系的原点，并基于这个临时坐标系测量和输入其他定位点的位置。

除了可以通过工具设置对话框调用收藏夹中的设置，我们也可以通过工具箱和信息框中的收藏夹选取按钮来调用。

第七步：光标悬停在柱工具图标上，单击图标右侧的小三角图标。双击收藏夹中的"钢柱"收藏，如图 4.8 所示。

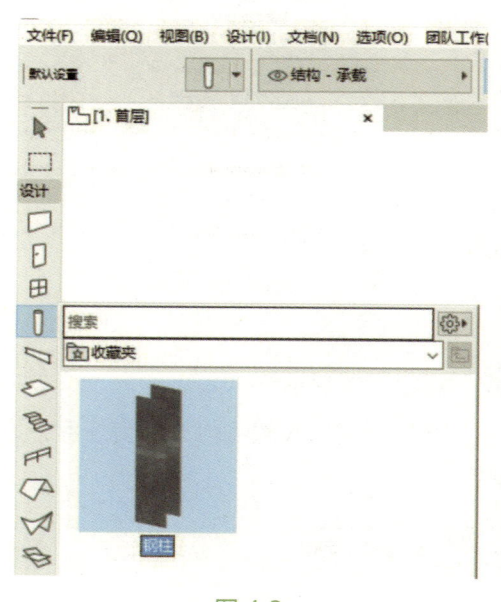

图 4.8

第八步：接下来将光标悬停在板的左上角并输入"X1500 +"，这样光标会基于板的左上角向右移动 1500mm。输入"Y120+"将光标向上移动 120mm。完成输入后，按 <Enter> 键完成柱子的创建，如图 4.9 所示。

图 4.9

接下来让我们看下如何快速地创建多个相同的建筑元素。

第九步：使用箭头选择工具选择之前创建的柱子。

第十步：激活菜单中的"编辑"→"移动"→"做一个拷贝的镜像"命令。

第十一步：移动光标到到板上边缘的中心点附近，当光标捕捉到中心点并显示为下面形状的时候单击鼠标，如图 4.10 所示。

图 4.10

第十二步：绘制镜像轴。按住 <Shift> 键，锁定光标在垂直方向上移动，单击鼠标，完成镜像复制操作，如图 4.11 所示。按 <Esc> 键取消柱子的选中状态。使用快捷

初识 ARCHICAD

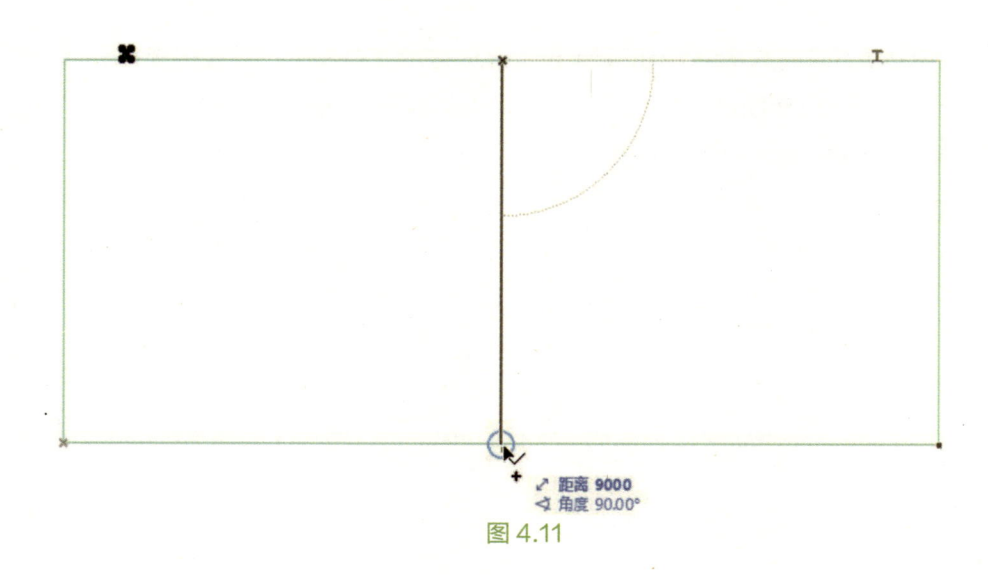

图 4.11

键 <Alt>,光标会变成滴管的形状。

第十三步:按住 <Alt> 键,将光标移动到任意一个已放置的柱子上,单击鼠标拾取当前柱子的参数设置。

第十四步:在板的上方再放置两个柱子,如图 4.12 所示。

图 4.12

第十五步:通过菜单激活"编辑"→"选择所有柱"命令(也可以使用 <Ctrl/CMD+A> 快捷键)。

第十六步:通过菜单激活"编辑"→"对齐"→底部命令。

每一个被选中的建筑元素会对齐到当前所有选中建筑元素的最低点,在这个案例中,这个点是柱的下侧的底边,如图 4.13 所示。

图 4.13

第十七步：为了保证所有的柱子平均分布，首先保持所有柱子都在被选中状态——激活菜单中的"编辑"→"分布"→"沿着 X"命令。

第十八步：右击鼠标，选择右键菜单中的"移动"→"做一个拷贝的镜像"命令，如图 4.14 所示。

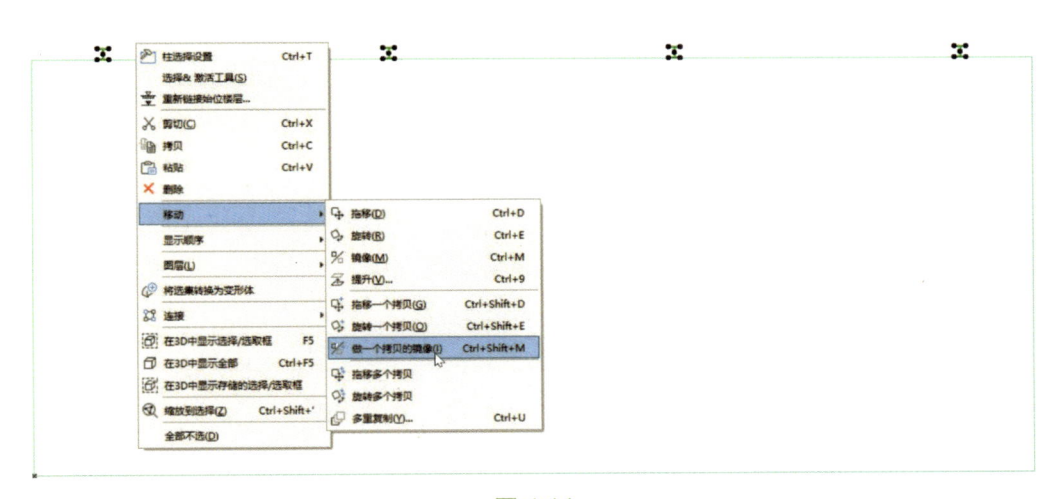

图 4.14

第十九步：定义镜像轴。镜像轴的第一点是板左侧边线的中点，按住 <Shift> 键锁定光标在水平方向移动，并单击鼠标完成镜像复制操作。

第二十步：单击 <Esc> 键取消复制的新柱子的选中状态。

现在，我们来创建地形网面。

第二十一步：激活工具箱中的网面工具，通过工具箱图标旁的小三角形选择收藏夹中的"地形"并应用设置，如图 4.15 所示。

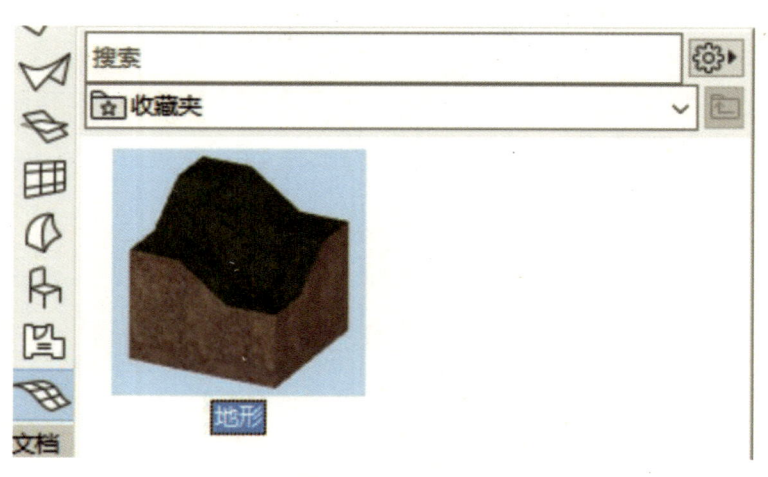

图 4.15

第二十二步：光标悬停在板的左下角，输入"X10500 –"和"Y16500 –"，移动光标到正确的位置，如图 4.16 所示。

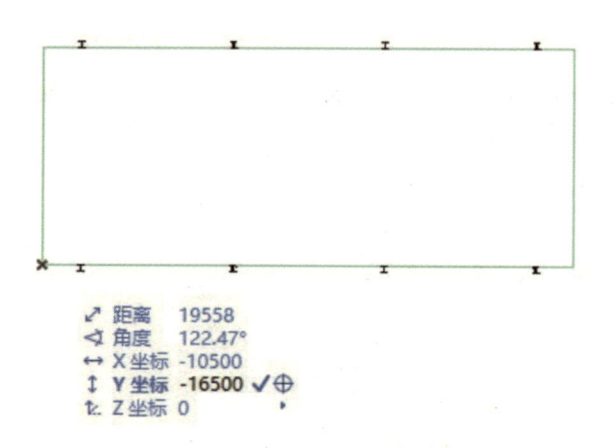

图 4.16

第二十三步：按 <Enter> 键确定第一个输入点，移动光标到右上角，输入"42000"，使用 <Tab> 键切换到下一个输入项，输入"42000"，如图 4.17 所示。

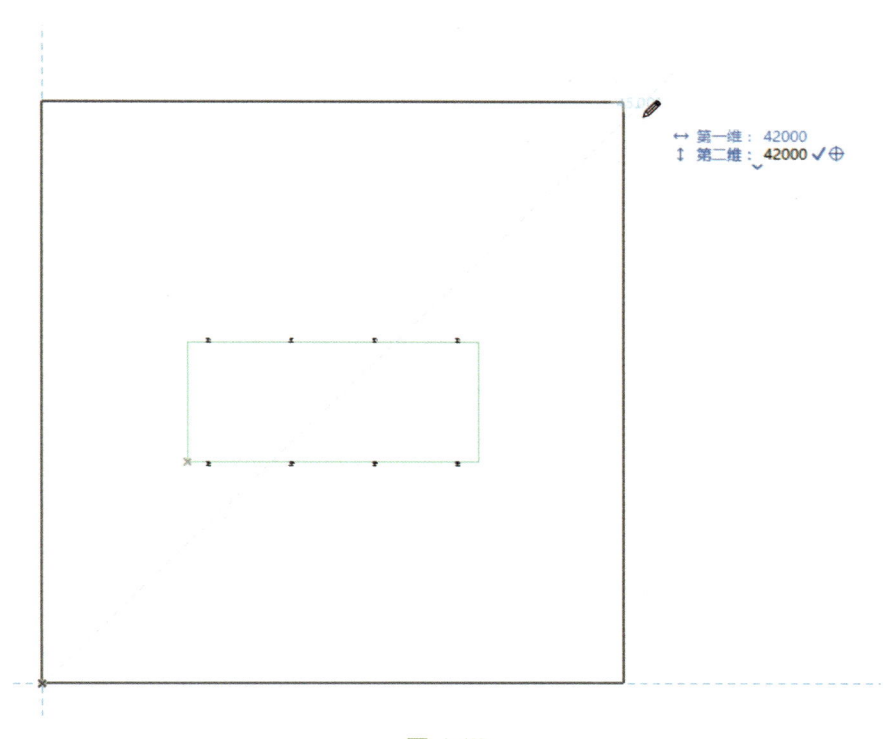

图 4.17

第二十四步：最后按 <Enter> 键完成创建。

第二十五步：在苹果电脑上按 <Fn+F4> 键或者 Windows 电脑上的 <F5> 键，切换到 3D 视窗，如图 4.18 所示。也可以单击 3D/ 全部视窗标签。

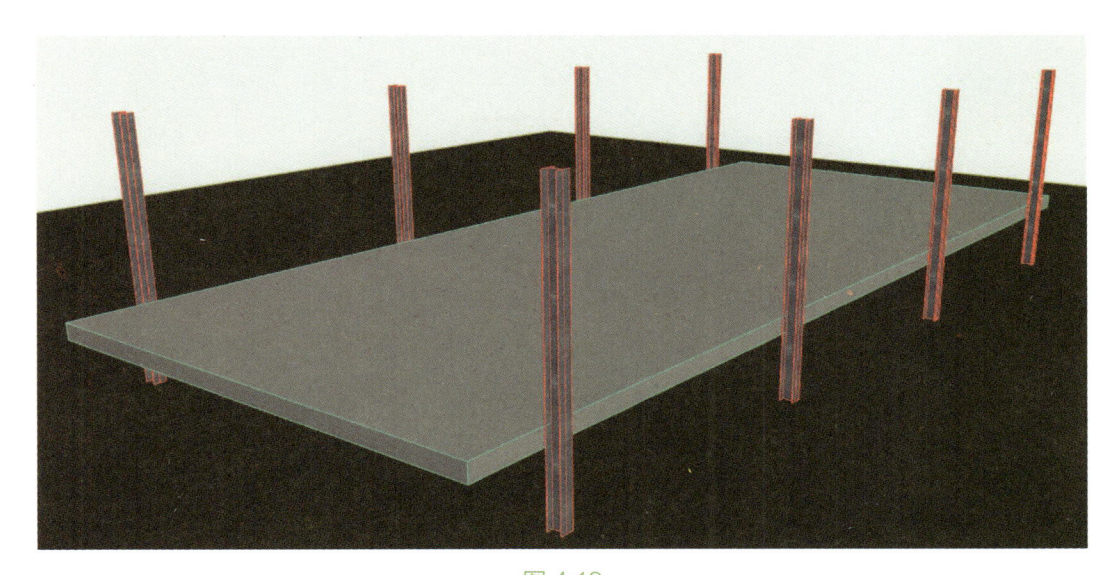

图 4.18

第2节 创建幕墙系统

创建幕墙围护结构。因为建筑物四周是幕墙维护结构,所以我们要使用幕墙工具来创建幕墙。

我们将在距板左边缘 6000mm 的位置放置幕墙。

第一步:返回平面图视窗,可以使用 <F2> 快捷键或者是单击"1.首层"视窗标签。

第二步:激活幕墙工具,应用"幕墙"收藏设置,如图 4.19 所示。

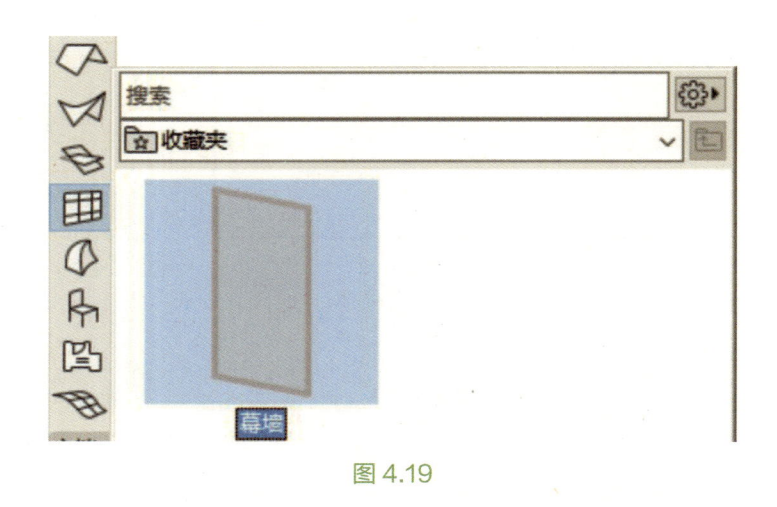

图 4.19

第三步:在信息框中选择多义线 – 单一的几何方法创建幕墙,如图 4.20 所示。

图 4.20

第四步:移动光标到板的左上角。输入"X6000+",光标会向右移动到正确的位置,按 <Enter> 键确认光标位置。光标向下移动,当光标捕捉到板的下边缘时单击鼠标(不要忘记按住 <Shift> 键,锁定光标在垂直方向上移动),如图 4.21 所示。

第五步:光标变为太阳形状的图标,将光标放置到幕墙的左侧单击鼠标,确定当前光标所在一侧为幕墙靠外一侧,如图 4.22 所示。

图 4.21

图 4.22

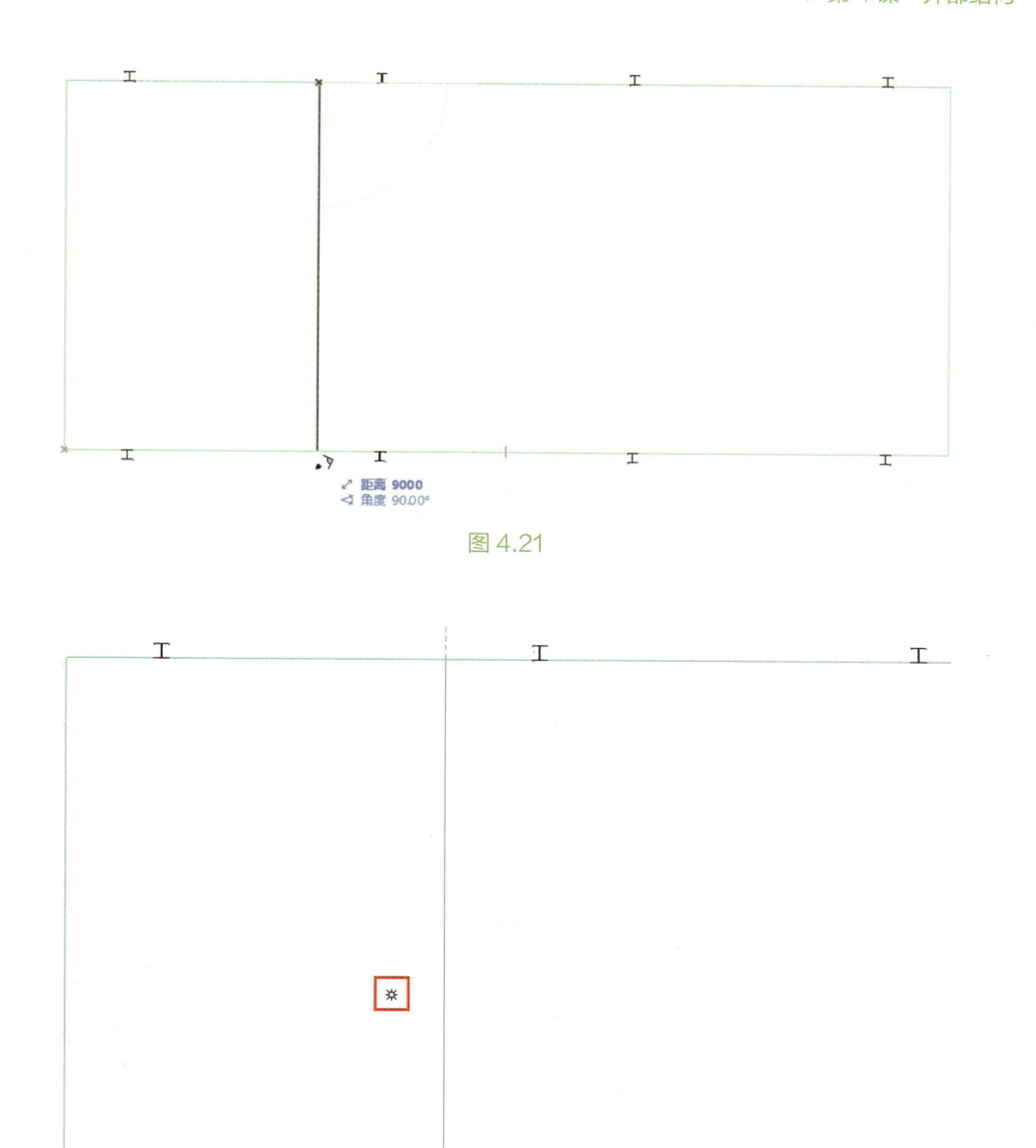

第六步:当"放置幕墙"对话框出现时,在对话框中设置幕墙高度为"3000"mm并单击"放置",如图 4.23 所示。

第七步:重复上述步骤创建剩余 3 面的幕墙,如图 4.24 所示。

初识 ARCHICAD

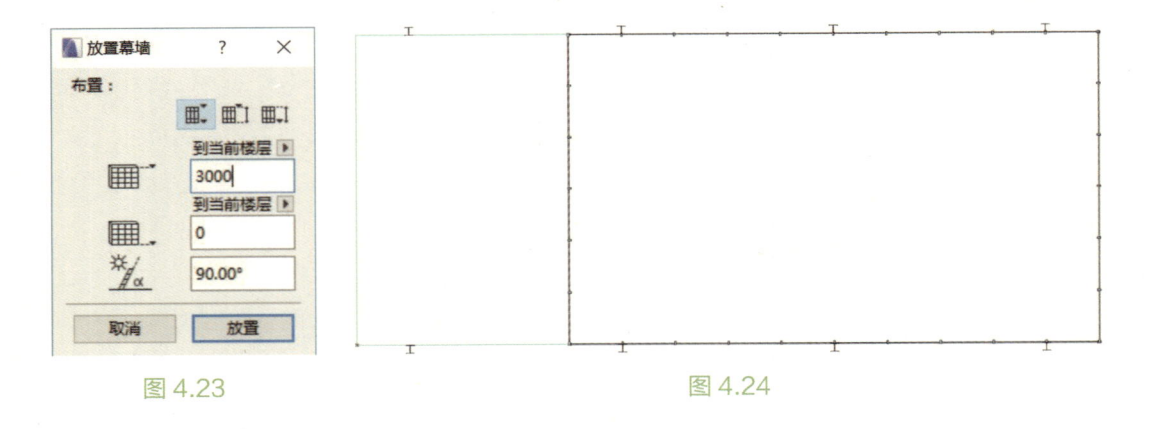

图 4.23

图 4.24

第八步：切换到 3D 视窗查看当前创建的模型成果，如图 4.25 所示。

图 4.25

第 3 节　修改幕墙

修改幕墙，多余的竖梃需要从创建的幕墙中移除。

第一步：使用箭头选择工具或者按住 <Shift> 键单击鼠标，选中要修改的幕墙，如图 4.26 所示。

第二步：处于选中状态的幕墙会弹出"编辑"按钮，单击"编辑"按钮进入幕墙编辑模式。另一种进入编辑模式的方法是选中幕墙，使用菜单中的"设计"→"进入幕墙编辑模式"命令。

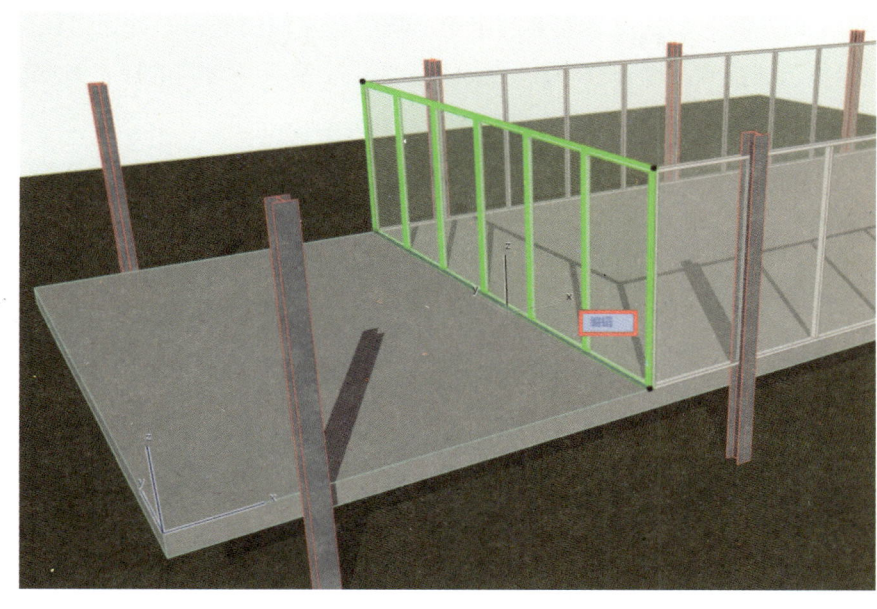

图 4.26

当进入幕墙编辑模式后,整个模型会显示在 3D 视窗中。

第三步:选中居中的竖梃,通过 <Delete> 或 <Backspace> 键删除该竖梃,如图 4.27 所示。

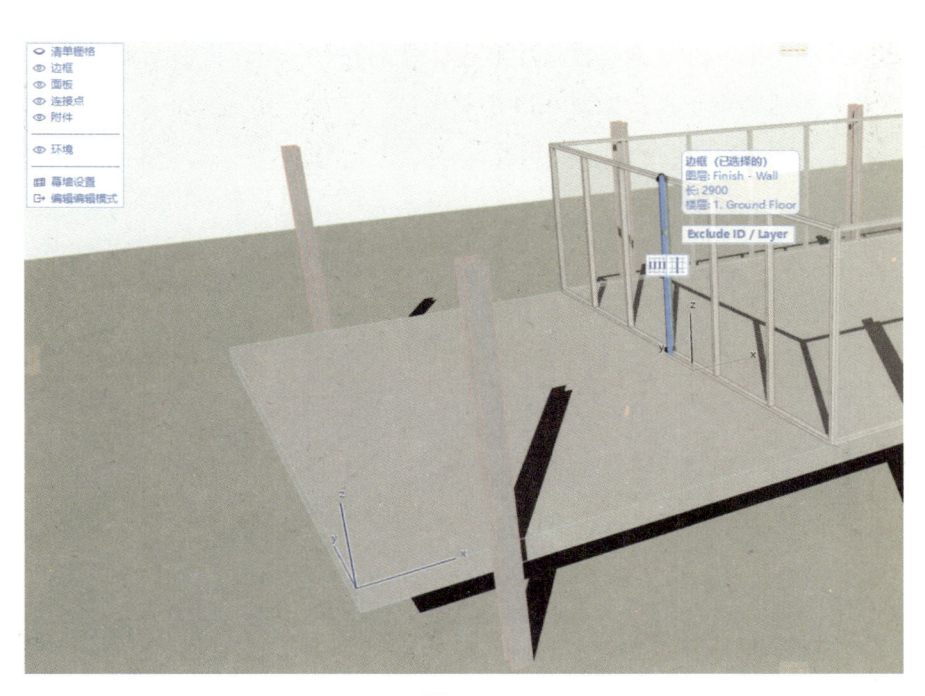

图 4.27

初识 ARCHICAD

第四步：现在我们要拖曳最左侧的竖梃。选中最左侧的竖梃，并通过鼠标来拖曳它。当光标指示捕捉到幕墙外框中点（光标显示为一个箭头＋对勾的标志）时单击鼠标，如图 4.28 所示。

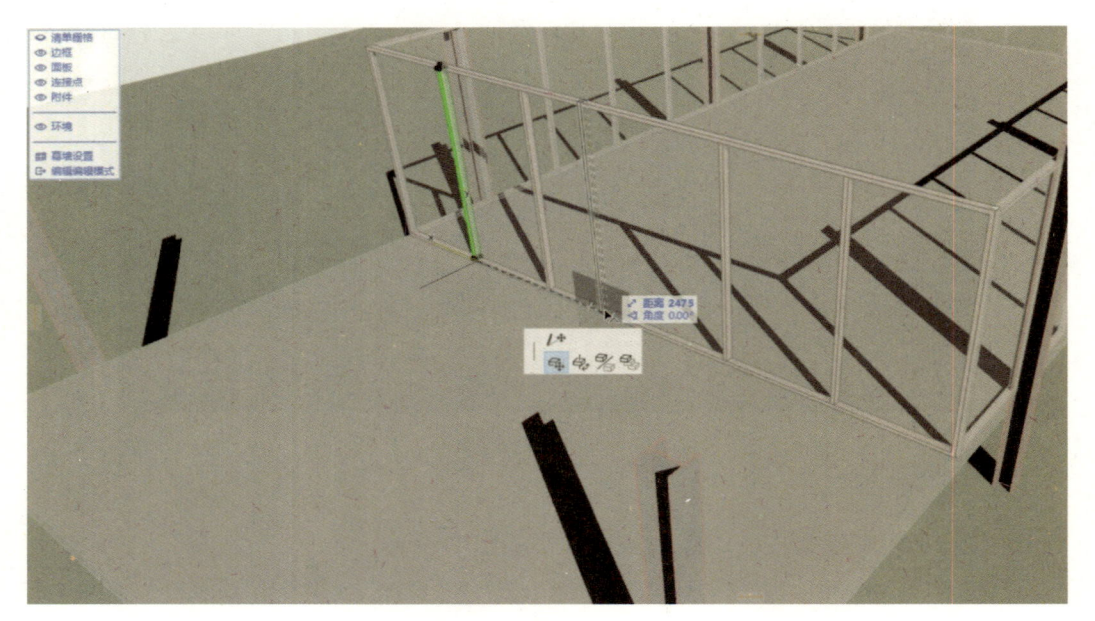

图 4.28

第五步：按 <Ecs> 键取消竖梃选中状态，然后按住 <Alt> 键激活滴管工具，拾取竖梃的参数并激活竖梃工具，如图 4.29 所示。

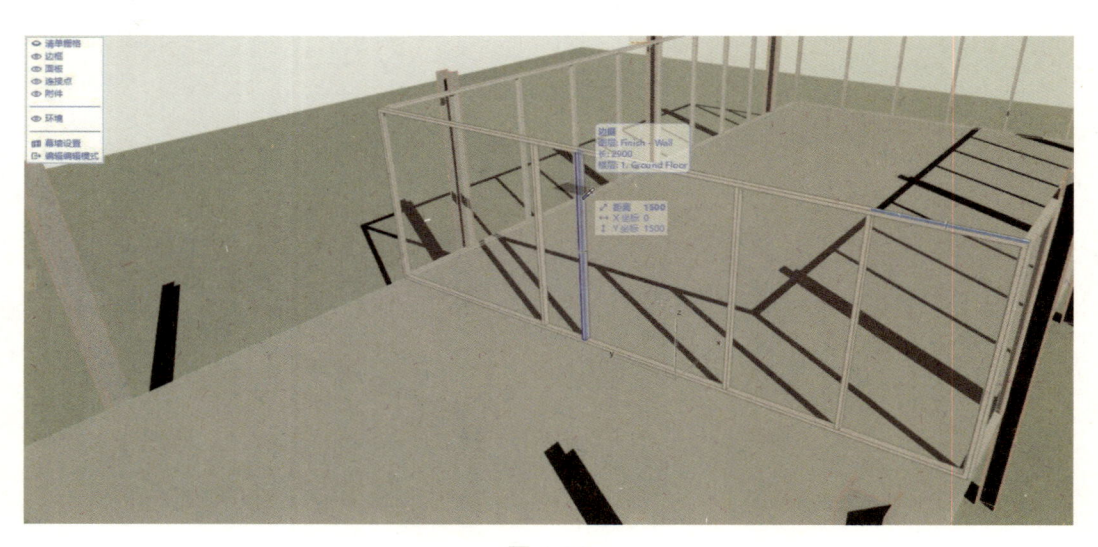

图 4.29

第六步：移动光标到外框中点。从下至上画出需要的竖梃，过程中注意按住 <Shift> 键锁定光标在垂直方向移动，如图 4.30 所示。

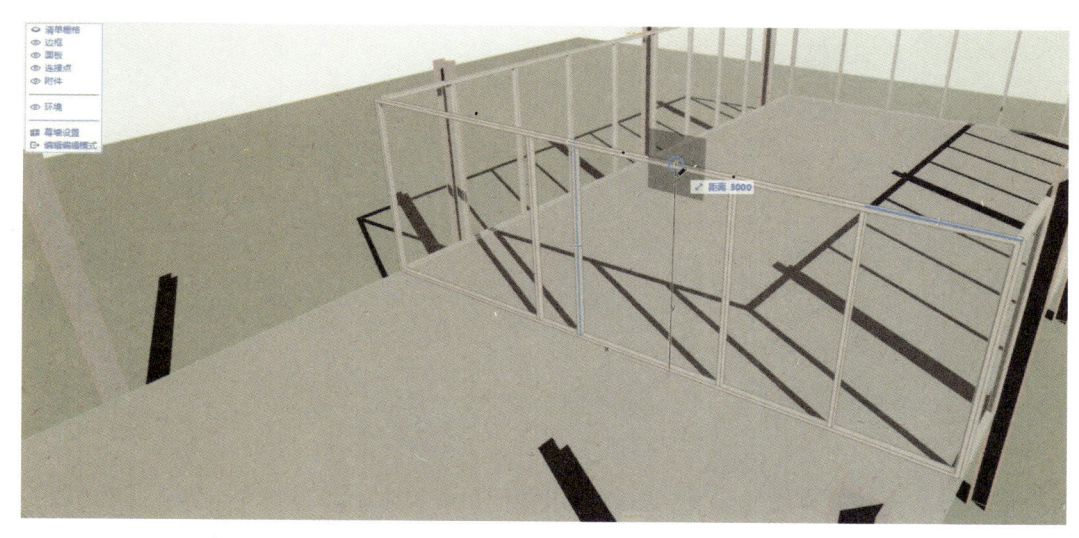

图 4.30

第七步：删除右侧的竖梃，如图 4.31 所示。

图 4.31

第八步：选择中间的幕墙面板，使用收藏夹中的"CW 双扇门"设置替代默认面板，如图 4.32 所示。

初识 ARCHICAD

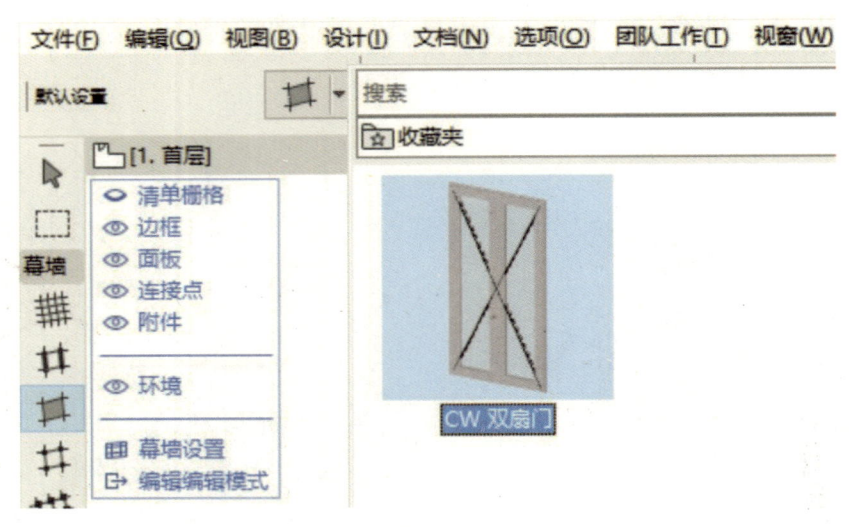

图 4.32

第九步：完成对幕墙的修改后，在左上角的编辑模式显示面板中，单击编辑模式，保存之前的修改内容并回到 3D 视窗，如图 4.33 所示。

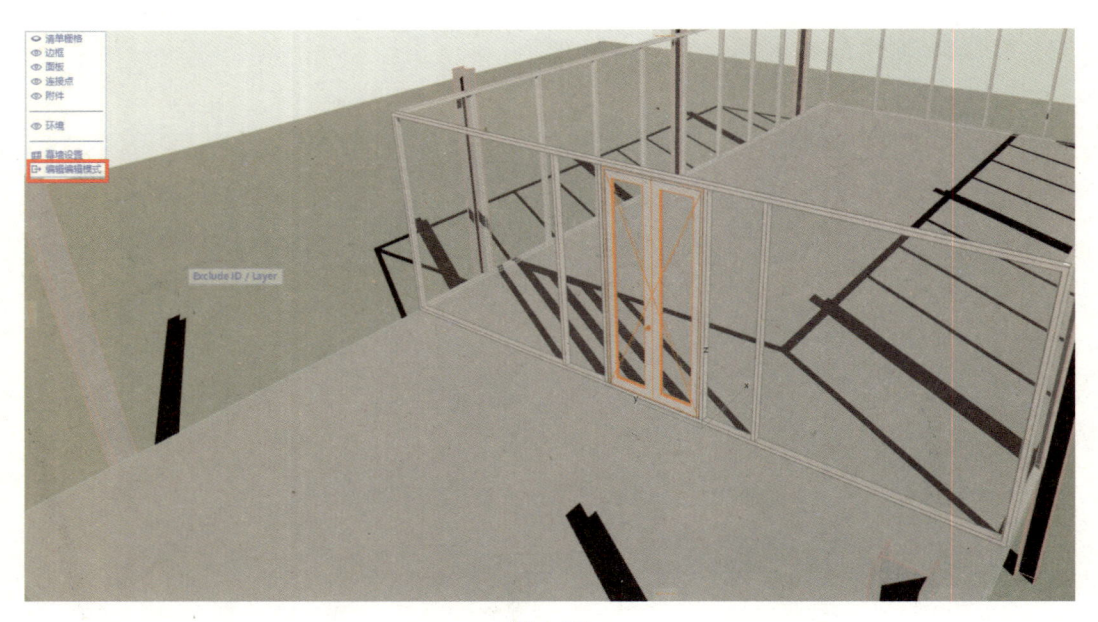

图 4.33

第十步：按 <Esc> 键取消幕墙选中状态。

第十一步：删除其余 3 面幕墙中多余的竖梃，要删除的竖梃如图 4.34、图 4.35、图 4.36 所示。可使用 <Shift> 键一次选择多个竖梃再删除。

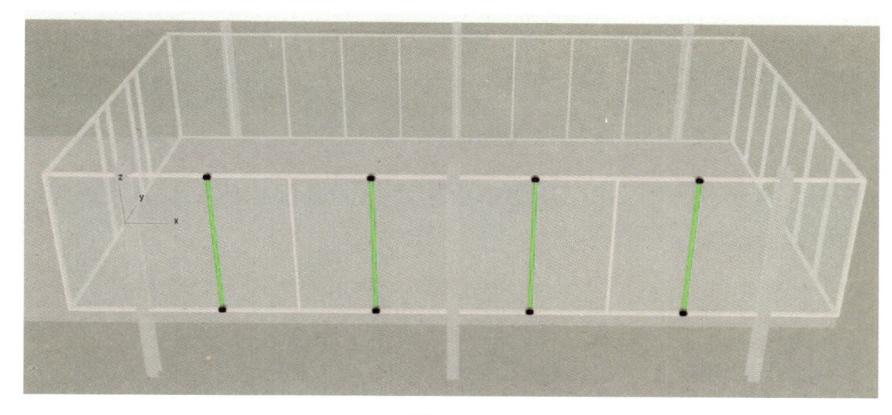

图 4.34

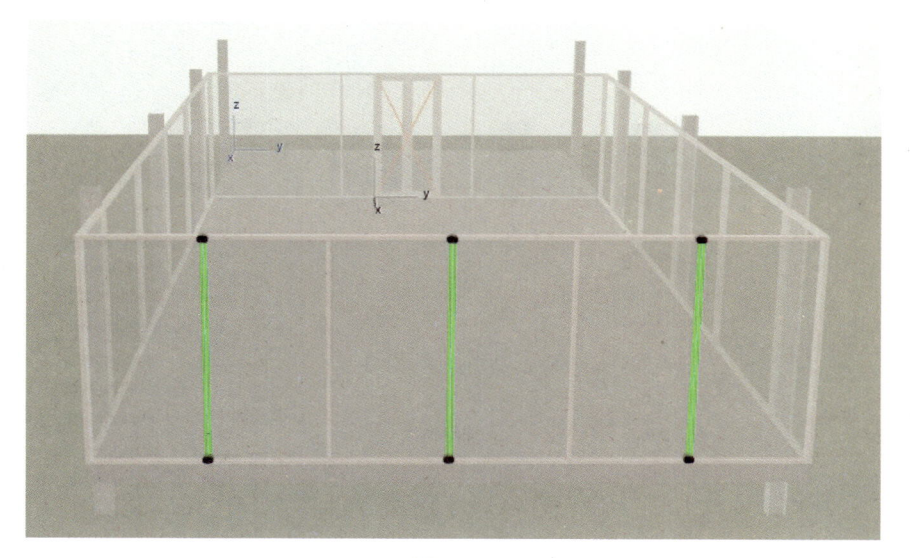

图 4.35

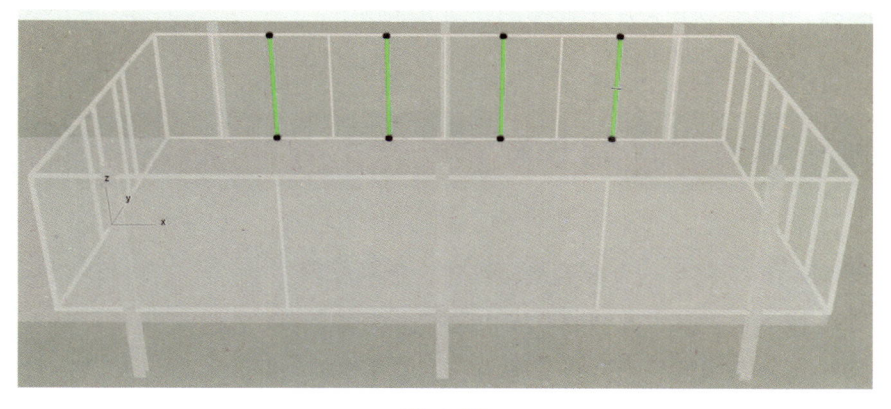

图 4.36

初识 ARCHICAD

第 4 节　创建楼层

创建楼层。楼层是所有 ARCHICAD 虚拟建筑的基础构成要素，接下来让我们看一下如何创建楼层。

第一步：通过菜单"设计"→"楼层设置"，调出楼层设置对话框。

第二步：选择"首层"并单击对话框中的"在上面插入"按钮。

第三步：修改楼层名称为"屋顶层"并单击"确定"关闭对话框，如图 4.37 所示。

第四步：单击"2.屋顶层"视窗标签，然后弹出浏览器，右键单击"1.首层"并在右键菜单中激活"显示为描绘参照"命令，如图 4.38 所示。

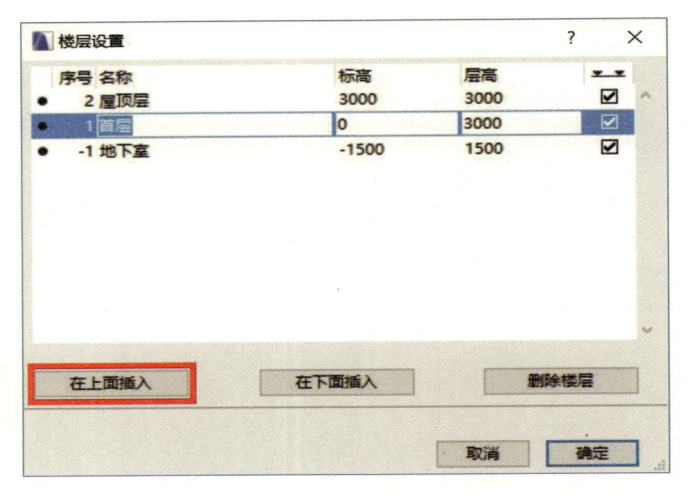

图 4.37　　　　　　　　　　图 4.38

现在我们可以看到在首层平面中的建筑元素了。

第 5 节　绘制平屋顶

我们将使用板工具给这个玻璃展厅创建一个平屋顶。

第一步：激活板工具，并在收藏夹中选择平屋顶。

第二步：按住空格键，光标将会变为一个魔术棒的形状。

第三步：在首层楼板区域内单击鼠标，如图 4.39 所示。

图 4.39

第 6 节　创建女儿墙

我们将使用截面墙来创建屋顶的女儿墙。女儿墙的截面形式已经在截面管理器中预先定义完成。

第一步：选择墙工具，在收藏夹中双击应用"女儿墙"，如图 4.40 所示。

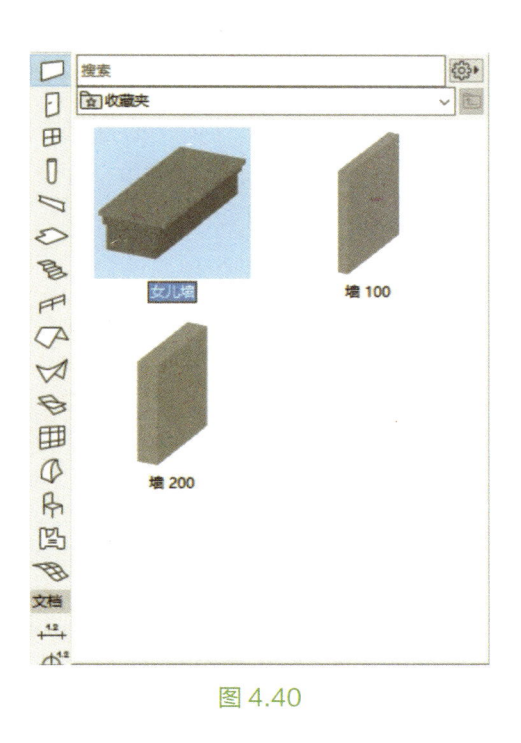

图 4.40

第二步：按住空格键，当光标变为魔术棒形状时，在首层楼板区域范围内单击鼠标，如图 4.41 所示。

图 4.41

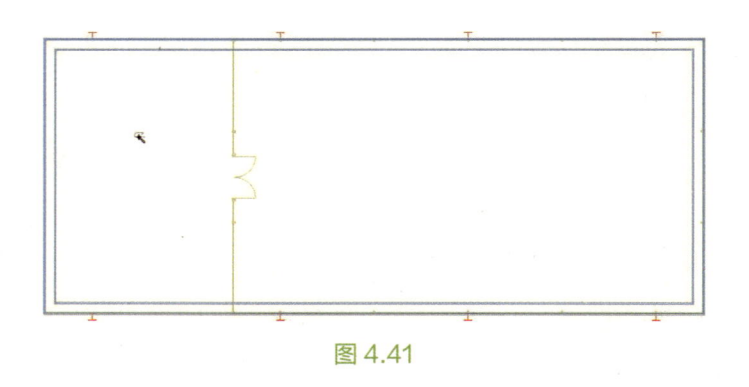

第三步：完成创建后，在工具条中关闭描绘功能，如图 4.42 所示。

图 4.42

第 7 节　放置楼梯

我们使用 ARCHICAD 楼梯工具来创建一个简单的直跑楼梯。

第一步：在"2.屋顶层"视窗标签上调出右键菜单，在菜单中选择"1.首层"，如图 4.43 所示。

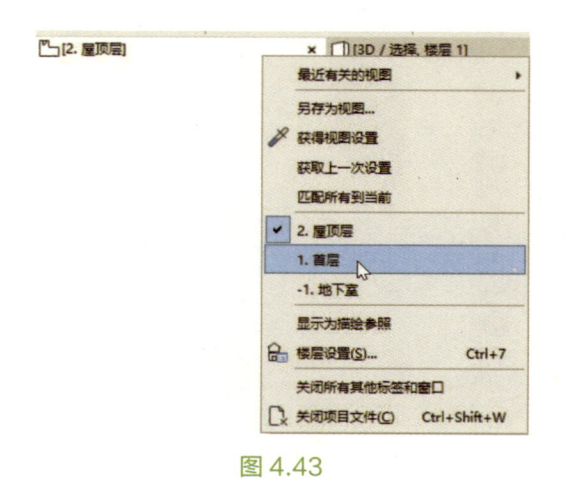

图 4.43

第二步：激活楼梯工具并在收藏夹中选择"Stair（楼梯）"，如图 4.44 所示。

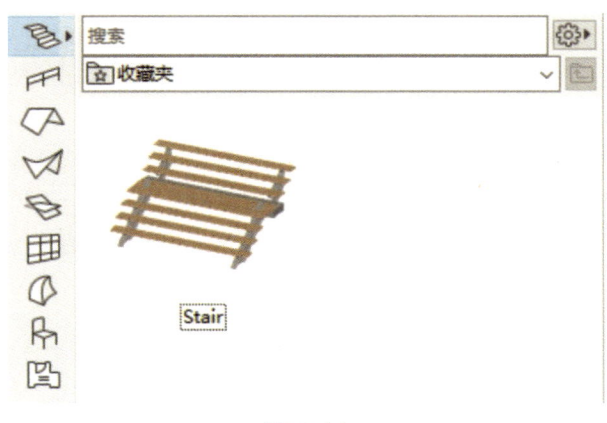

图 4.44

第三步：在信息框中，选择向下的输入方式，如图 4.45 所示。

图 4.45

第四步：光标悬停在板的左下角，并将其向右移动 3810mm。

第五步：按 <Enter> 键并将鼠标向下移动。当创建楼梯步数为 10 步时，点击鼠标。过程中按住 <Shift> 键锁定光标在垂直方向上移动，如图 4.46 所示。

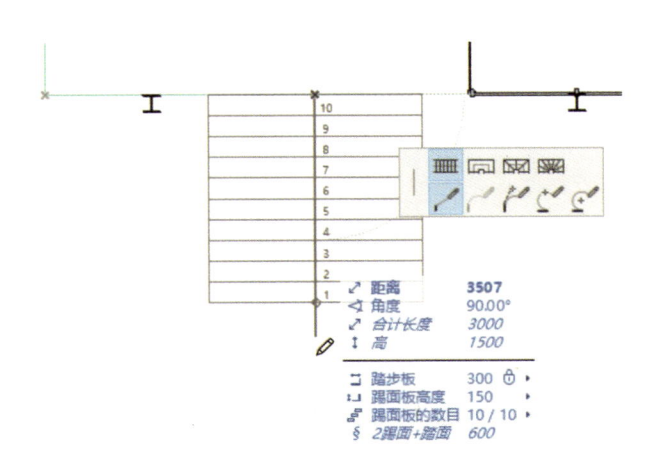

图 4.46

以上是第四课的全部内容。完成后保存"建筑小品 00.pln"文件，以便在后续课程中使用。

初识 ARCHICAD

第 5 课

内部结构

- ◆ 第 1 节 创建内墙
- ◆ 第 2 节 放置门
- ◆ 第 3 节 镜像门
- ◆ 第 4 节 3D 图库部分
- ◆ 第 5 节 合并文件

初识 ARCHICAD

在本节课中，我们将放置和编辑隔墙，通过特殊捕捉点将墙等分为几段并放置参数化的图库元素，我们也将合并外部的文件用作当前布局的一部分。继续打开之前保存的"建筑小品 00.pln"文件，我们将基于之前的成果继续深化案例项目。完成本节课的学习后，我们将学会通过编辑内部分隔和使用图库元素来创建一个室内布置图。

为了更深入地了解本节课的内容，请扫二维码观看视频，并通过视屏页面下方的链接下载合并文件"建筑小品（家具）.pla"文件，然后继续完成操作培训。

第1节 创建内墙

放置隔墙，创建建筑物的房间。

第一步：从工具栏选择墙工具并在收藏夹中双击应用墙 200。

第二步：设置创建墙的创建几何方法为矩形，参考线的位置为"外表面"，如图 5.1 所示。

图 5.1

新建墙体的角点到板左边缘的距离为 10500mm，到板的底部距离为 3400mm。移动光标到板的左下角点。

第三步：输入"X10500+"（光标会跳到右侧），如图 5.2 所示。

第四步：输入"Y3400+"（光标会快速向上），如图 5.3 所示。

第五步：按 <Enter> 键并移动光标到右上角。

第六步：定义矩形墙的尺寸：X7600 和 Y3600，按 <Enter> 键完成墙体创建，如图 5.4 所示。

图 5.2

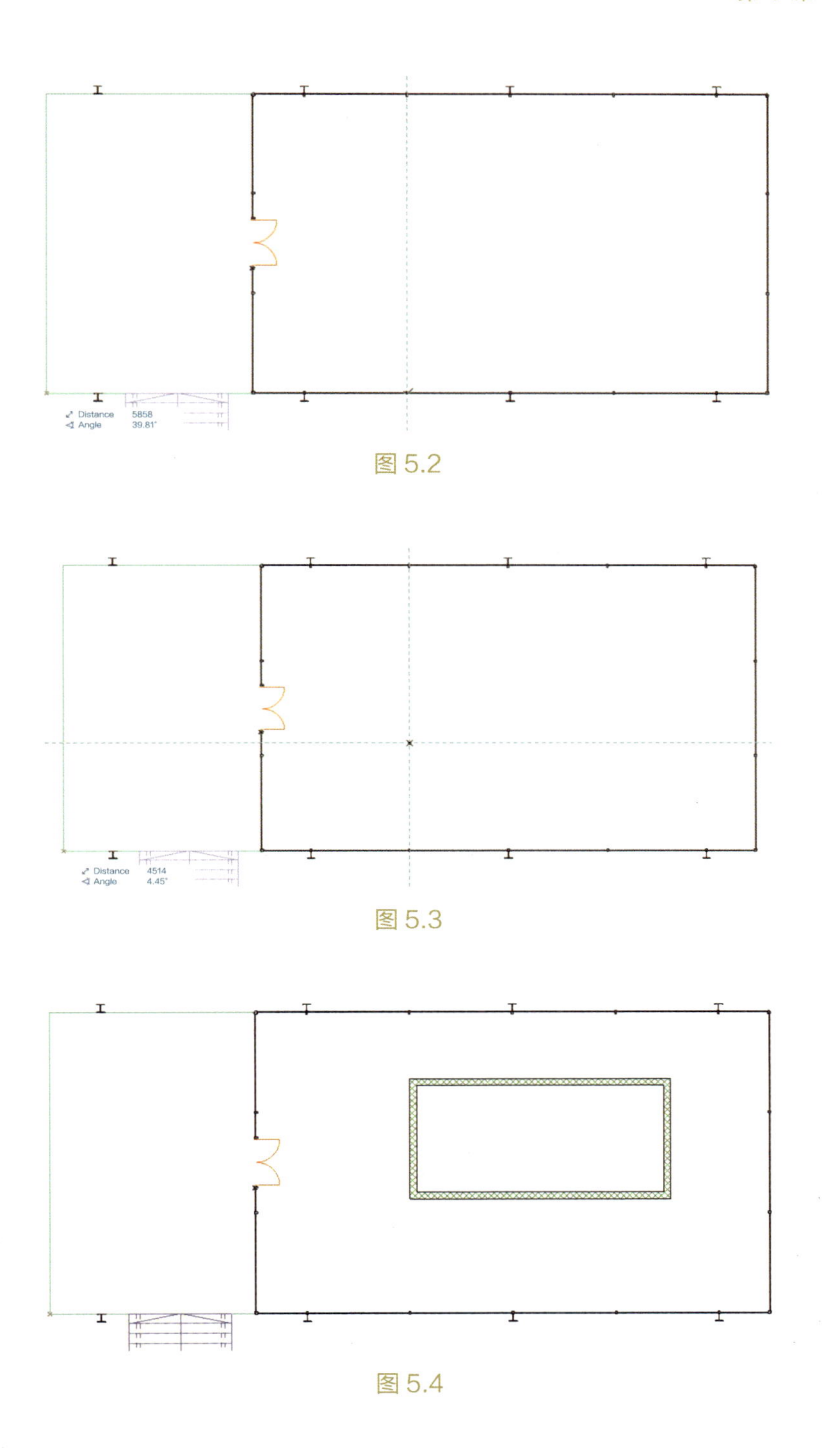

图 5.3

图 5.4

我们需要分别编辑这些墙，但是这些墙是通过同一步操作放置的，它们默认被组合在一起。

第七步：使用标准工具栏的暂停组合的开关来暂停组合，如图 5.5 所示，或使用菜单"编辑"→"组合"→"暂停"组合命令。

图 5.5

第八步：激活箭头工具（可以使用 <W> 键的快捷方式切换箭头工具和最后使用的工具），然后选中上部的水平墙。

第九步：单击墙的上边缘并向下拖曳，按住 <Shift> 键约束光标在垂直方向上移动，设置偏移 D800，然后按 <Enter> 键，如图 5.6 所示。

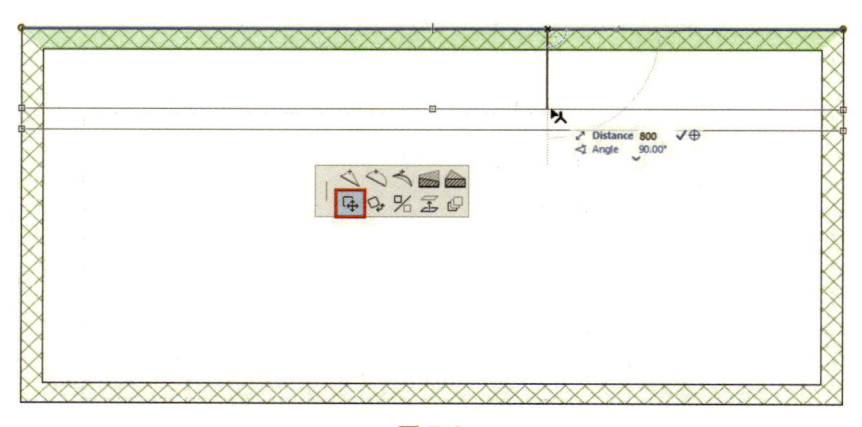

图 5.6

第十步：对另一水平墙进行同样的操作，向上移动 D800，按 <Esc> 键，如图 5.7 所示。

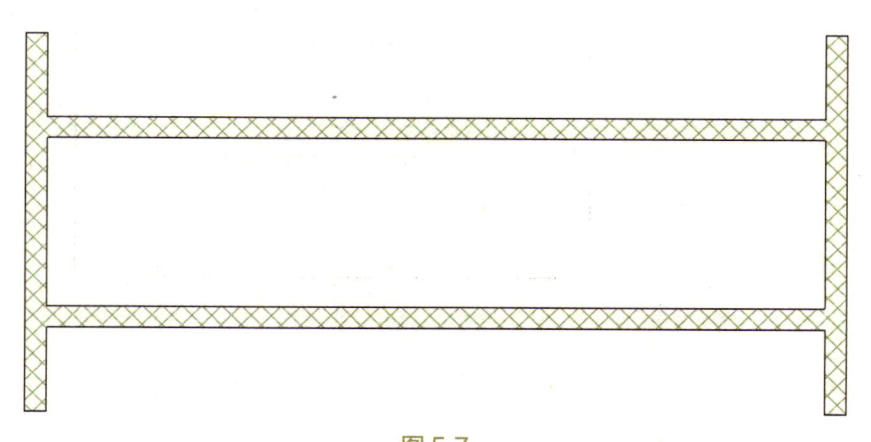

图 5.7

第十一步：按 <W> 键转回到墙工具并在收藏夹中双击应用墙 100。

第十二步：选择单一的创建方式并设置信息栏的参考线为居中，如图 5.8 所示。

图 5.8

我们要创建一些新的墙需要把已有的水平墙分割成三段。我们可以通过设置捕捉点来显示元素的等分点。

第十三步：在标准工具栏选择"分段（3）"，如图 5.9 所示。

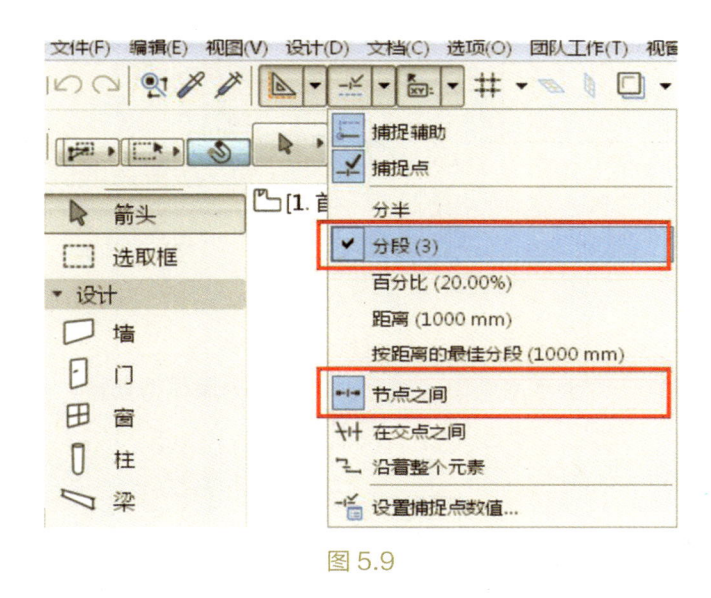

图 5.9

第十四步：画两堵墙。光标悬停在水平墙的内边缘，光标将会显示三等分的节点，如图 5.10 所示。

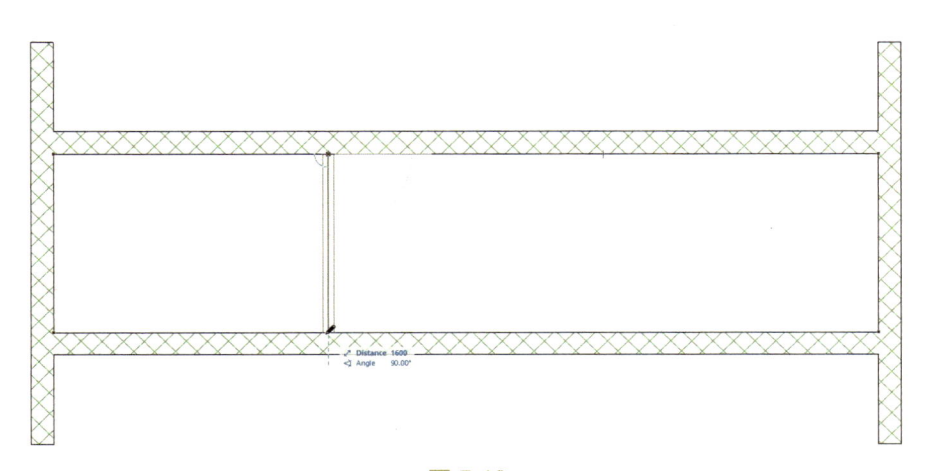

图 5.10

第十五步：在最后一步，我们将删除底部水平墙的中间部分。按住 <Ctrl/CMD> 键之后，光标会变成剪刀，如图 5.11 所示。

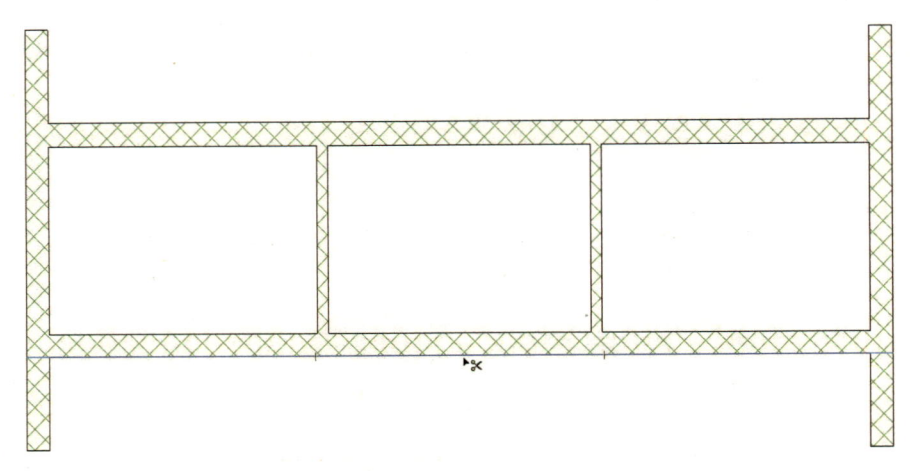

图 5.11

第十六步：单击下方水平墙的中间部分，将这部分墙体剪切掉，如图 5.12 所示。

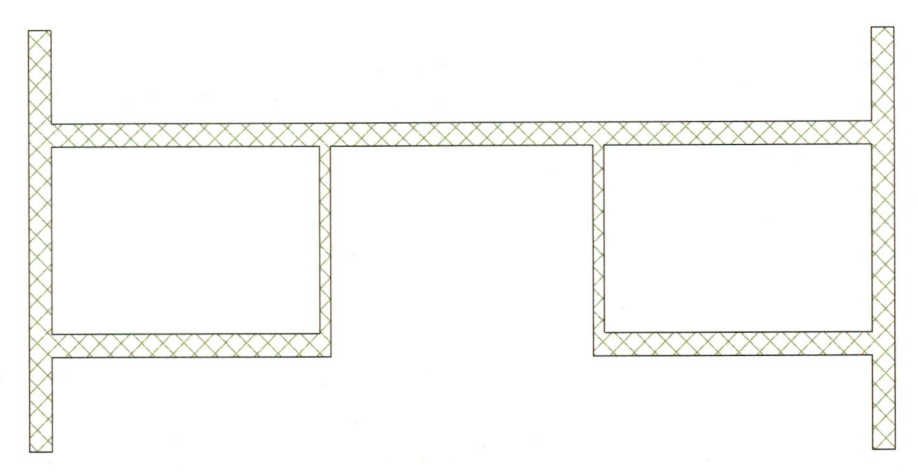

图 5.12

第 2 节　放置门

现在我们将在隔墙上创建门。

第一步：激活门工具并在收藏夹中选择"内门"，如图 5.13 所示。

第 5 课　内部结构

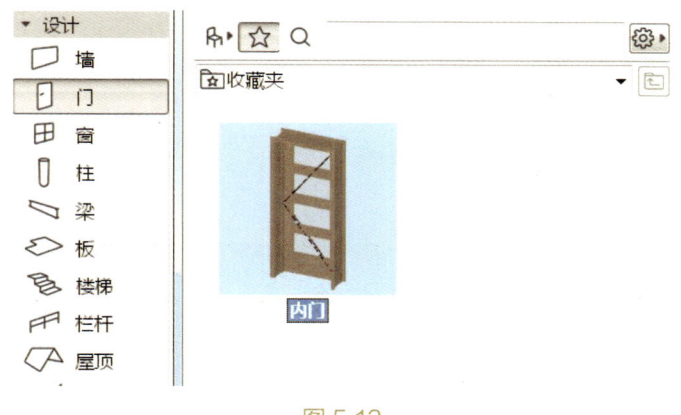

图 5.13

第二步：设置定位点为一侧，如图 5.14 所示。定位点设置用于定义要放置的门是位于它的中心点还是一侧。

图 5.14

我们需要在距离图 5.15 中左侧的水平墙的左侧角点 100mm 的位置放置一个门。

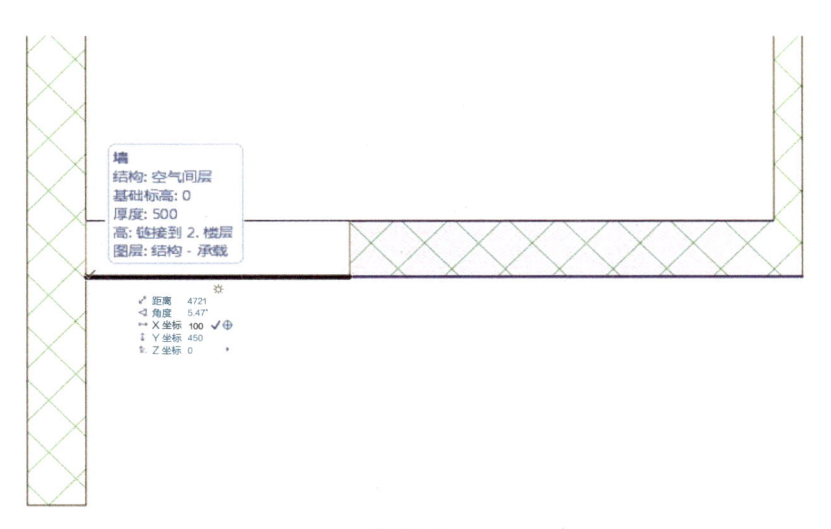

图 5.15

第三步：将光标移动到左下角点并输入"X100+"，然后按 <Enter> 键。
第四步：放置门，再次单击鼠标来设置其开启方向，如图 5.16 所示。

初识 ARCHICAD

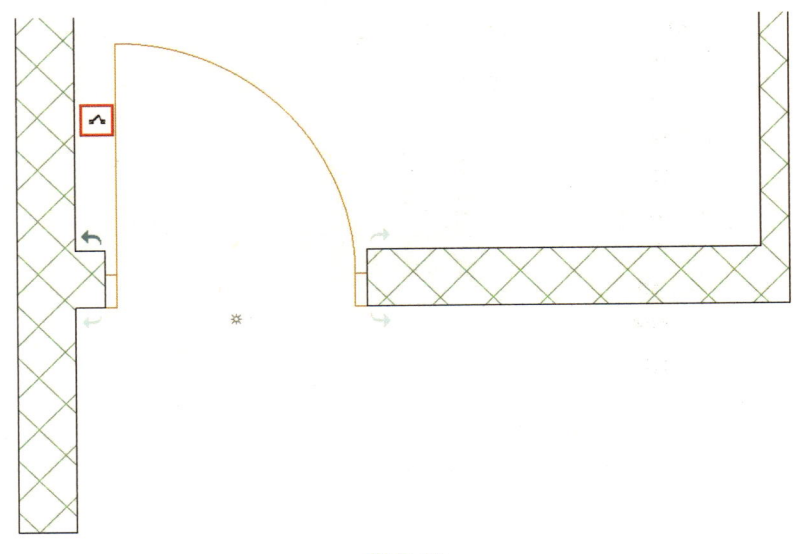

图 5.16

第 3 节 镜像门

我们将创建一个镜像的复制门。

第一步：要镜像复制一扇门，首先需要设置捕捉项为"分半"，如图 5.17 所示。

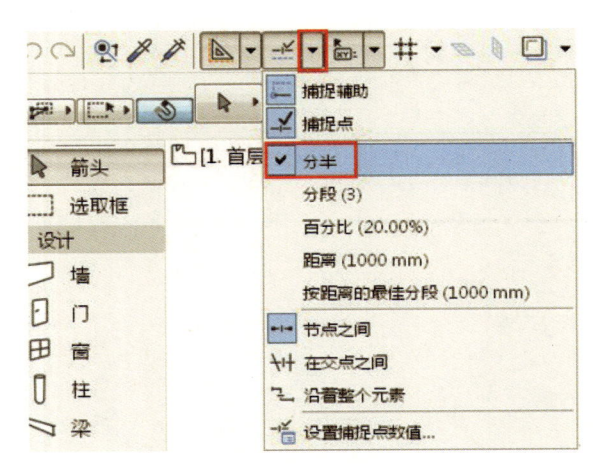

图 5.17

第二步：用箭头工具选中门。激活镜像复制命令，从编辑"菜单"→"移动激活"或右击鼠标，也可以用 <Ctrl/CMD+Shift+M> 快捷键来激活该命令。

第三步：移动光标到上面墙中间的位置，并在光标显示已捕捉到墙的中心位置时单击鼠标，如图 5.18 所示。

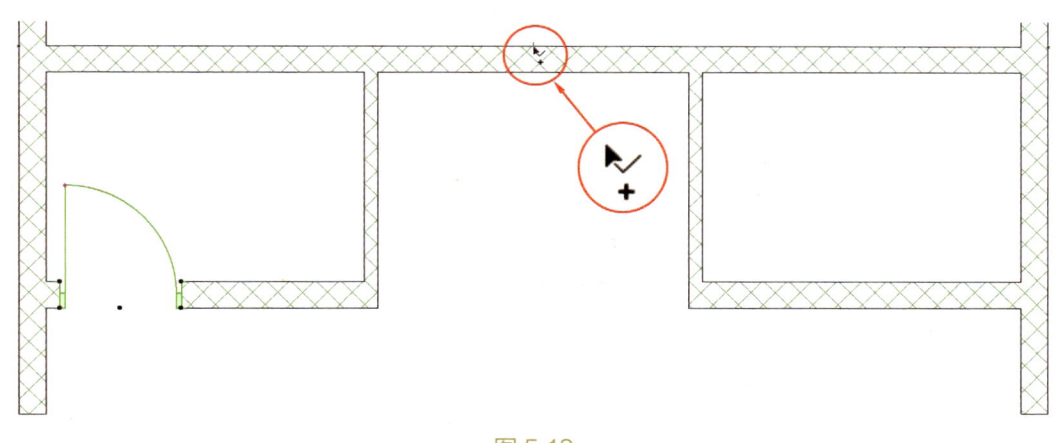

图 5.18

第四步：按 <Esc> 键取消新创建门的选中状态，完成门的镜像复制操作，如图 5.19 所示。

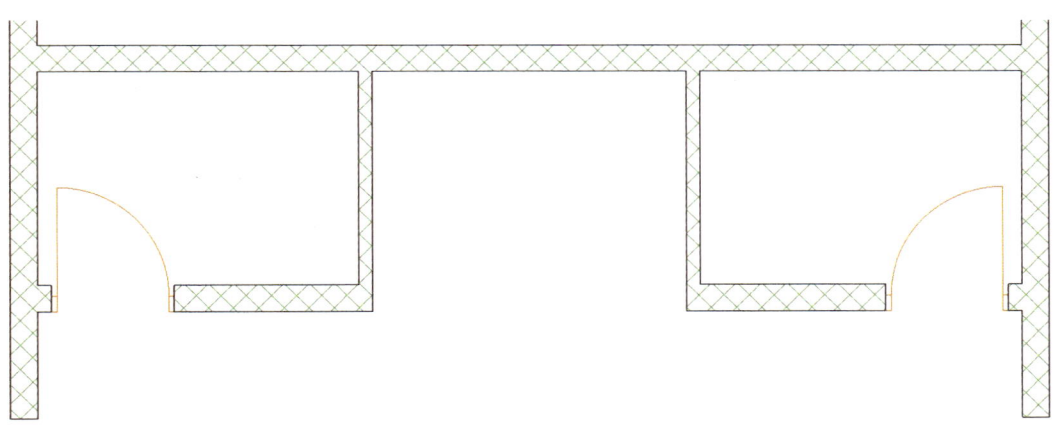

图 5.19

第 4 节 3D 图库部分

添加一些家具对象会使我们的模型更加真实。

第一步：激活对象工具并双击"床"对象，如图 5.20 所示。

初识 ARCHICAD

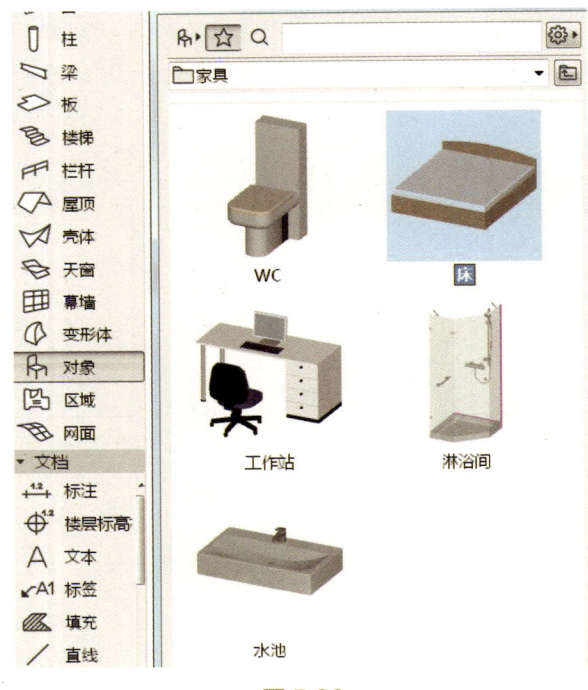

图 5.20

第二步：将光标移到右侧竖向墙的中间位置，并在距离墙右侧边缘 20mm 的位置放置床（输入"X20+"并按 <Enter> 键），如图 5.21 所示。

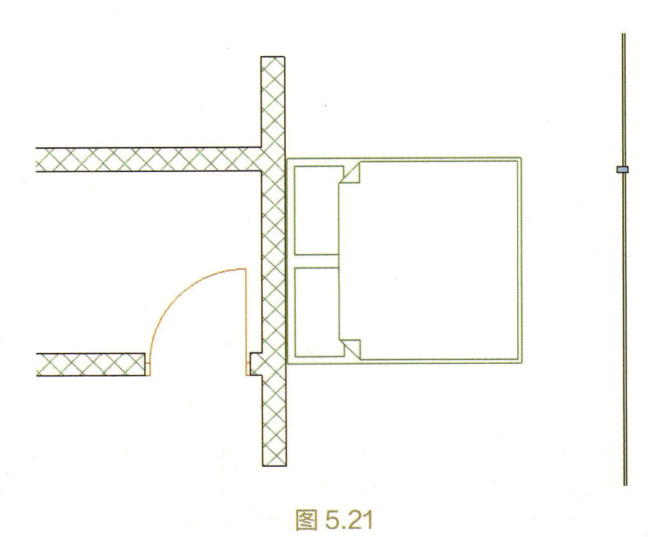

图 5.21

第三步：打开收藏夹并双击"电脑桌"对象。

第四步：将光标移动到左侧竖墙的左下角点（点1）并按下 <Q> 键将其标记为捕捉参考点（将会显示一个蓝色圆圈）。然后，移动光标到幕墙的左下角（点2）并按下 <Q> 键将其标记为另一个捕捉参考点。最后，单击两个捕捉点之间的蓝色参考线中心位置，如图 5.22 所示。

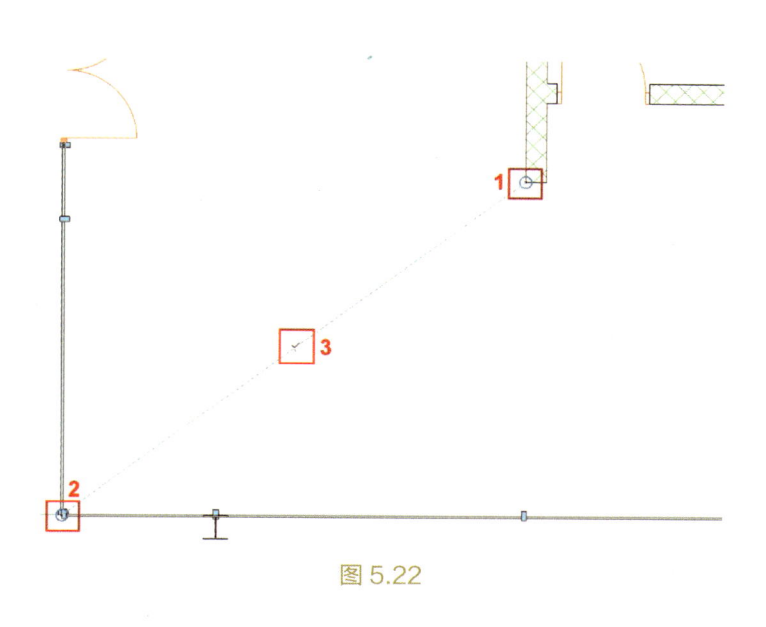

图 5.22

第五步：选择收藏夹的"淋浴房"并单击左侧小房间的右下角。

第六步：按住 <Shift> 键，单击放置的对象并在编辑菜单中选择"移动"→"旋转"命令，或使用快捷键 <Ctrl/CMD+E>。

第七步：分别单击淋浴间左侧底部的角点和左侧上部的角点来定义旋转的中心点和旋转参考线，如图 5.23 所示。然后单击浴室的左下的角点，完成淋浴间对象的旋转操作，如图 5.24 所示。

第八步：取消淋浴间对象的选中状态。

第九步：标记浴室右上角点和淋浴间的右上角点为捕捉参考点（按下 <Q> 键），然后在收藏夹面板选择"坐便器"对象并放置在两个参考点的中间位置，如图 5.25 所示。

初识 ARCHICAD

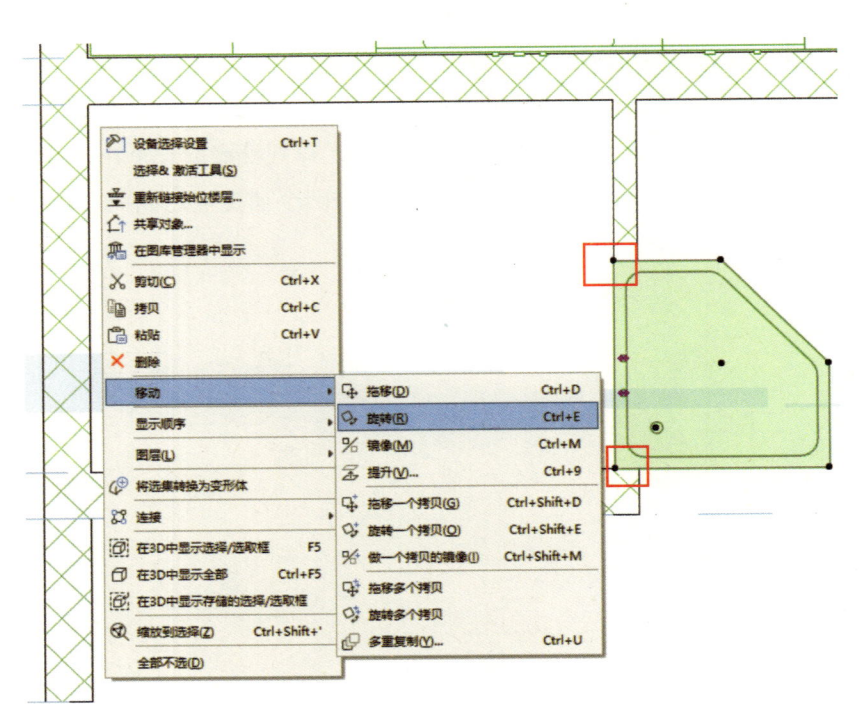

图 5.23

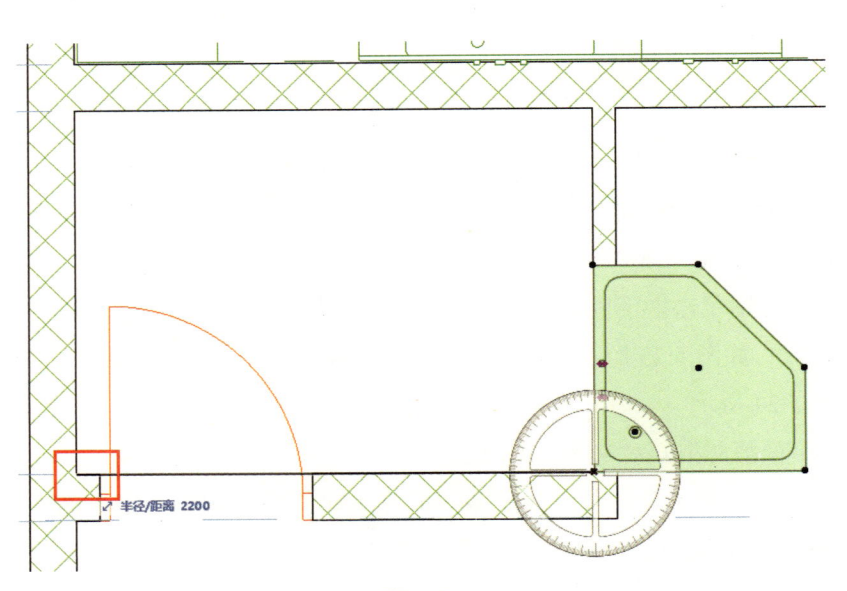

图 5.24

图 5.25

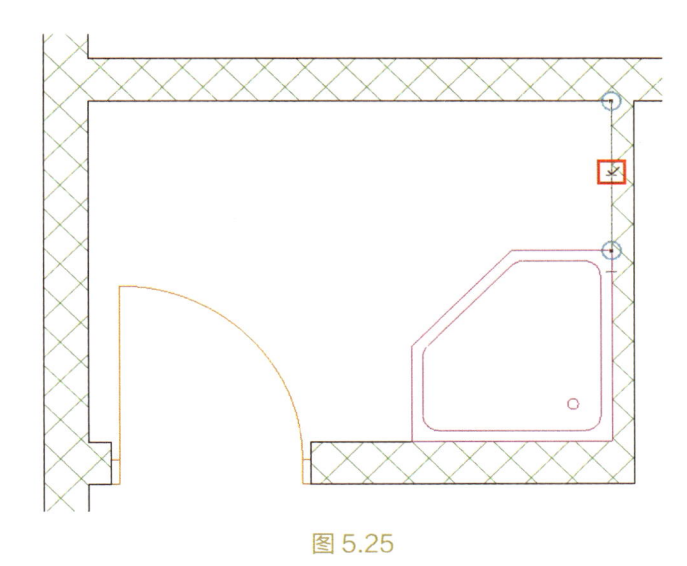

第十步：最后，选择收藏夹的"面盆"对象。使用智能光标（将会变成一个检查标记），将门的中心点标记为捕捉参考点。将光标移动到对面的墙，单击墙和蓝色捕捉参考线的交点位置，如图 5.26 所示，单击鼠标放置面盆完成操作。

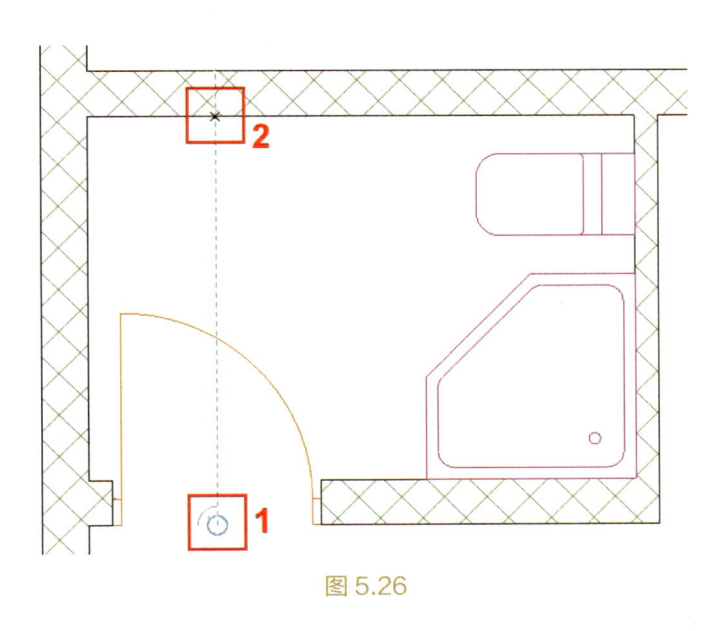

图 5.26

第 5 节　合并文件

我们在一个外部 ARCHICAD 项目文件里面有一些其他家具，直接合并到项目文件中以缩短文档和建模的时间。

第一步：激活"文件"→"互操作性"→"合并"命令。

第二步：在弹出的对话框中浏览独立项目文件，如果使用的是商业版或试用版 ARCHICAD，选择"建筑小品（家具）.pln"文件。

第三步：单击"打开"。

第四步：在合并对话框中，选择"虚拟建筑物（全部楼层）"选项并单击"合并"，如图 5.27 所示。

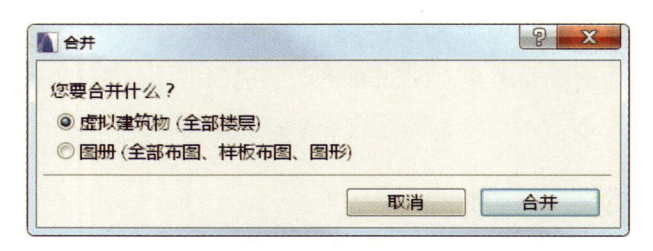

图 5.27

第五步：文件被放置后，其元素将被虚线框包围，如图 5.28 所示。

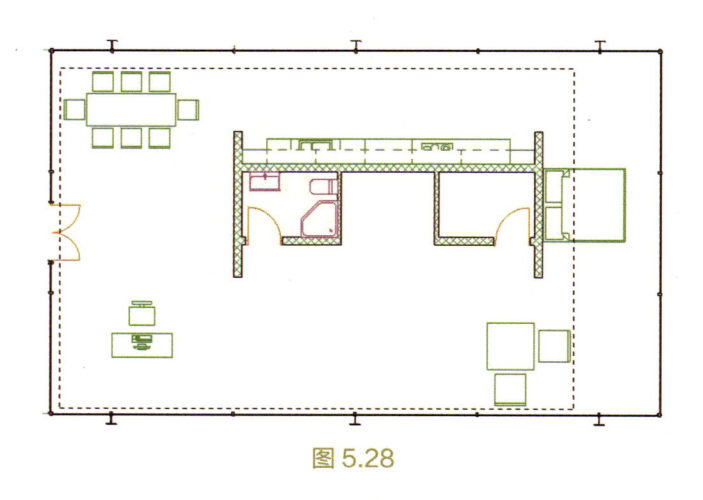

图 5.28

第六步：单击虚线框外任意一点，确认放置外部元素。

初识 ARCHICAD

第 6 课

尺寸标注

- 第 1 节　手动标注
- 第 2 节　自动尺寸
- 第 3 节　创建剖面图
- 第 4 节　立面标注

在本节课中，我们会使用自动和手动两种方式完成尺寸标注的工作。我们将继续使用之前的项目文件。完成本节课的学习后，基本的图纸绘制就完成了。

为了更深入地了解本节课的内容，请扫二维码观看视频，然后继续完成操作培训。

第1节 手动标注

首先在项目楼层平面图中添加基本的墙体标注。

第一步：选择工具栏中的标注工具。在收藏夹中选择"尺寸标注（2,0）"，如图6.1所示。

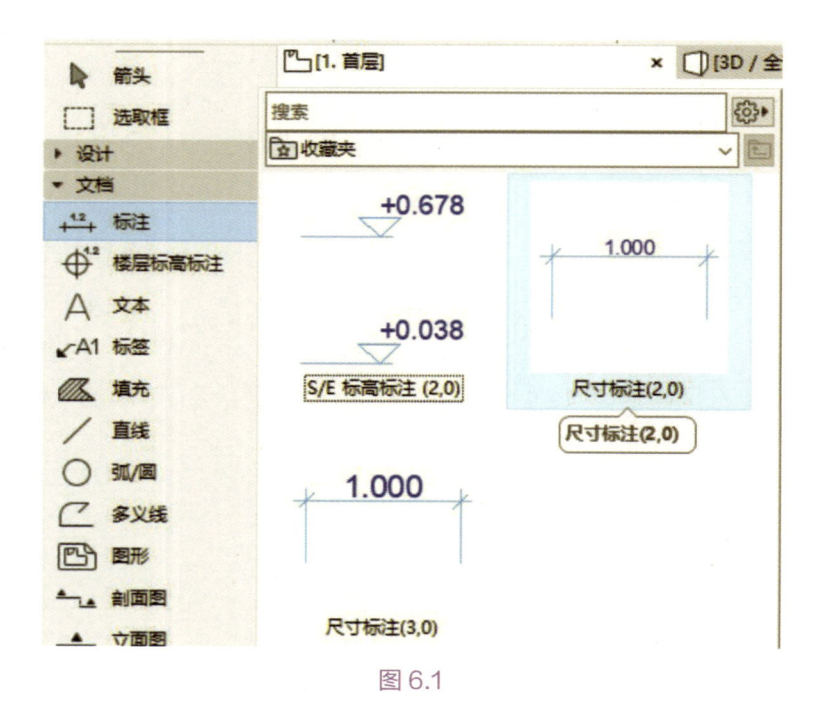

图 6.1

第二步：分别单击外墙左上角和右下角，可以看到两个参考点，如图6.2所示。

图 6.2

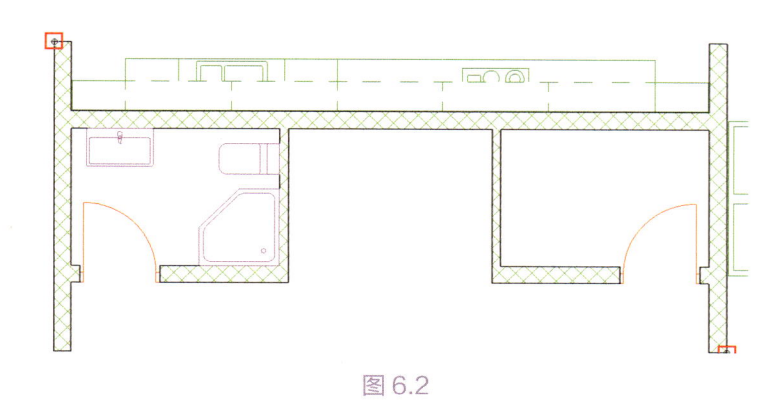

第三步：在空白处双击鼠标来结束标注点的拾取。

第四步：现在光标显示为锤子样式，单击任意水平向墙面，设置尺寸标注的方向为水平方向，如图 6.3 所示。

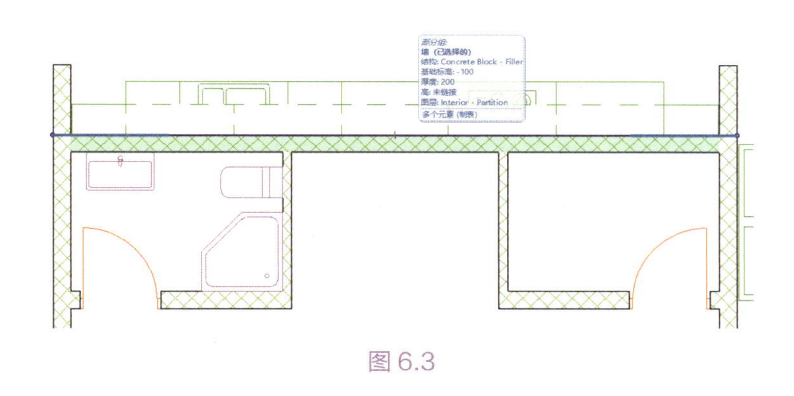

图 6.3

第五步：光标悬停在左上角墙体上部的角点（尺寸标注位置将会基于该点进行偏移），如图 6.4 所示。输入"Y600+"然后按 <Enter> 键，完成放置尺寸标注的操作。

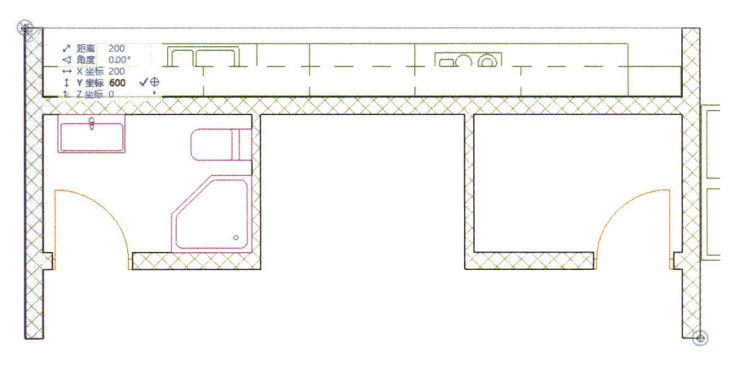

图 6.4

第六步：再增加一道尺寸标注，在每一个需要标注的墙体上单击，如图 6.5 所示。

第七步：在空白处双击，把锤子状光标移动到需要放置标注的位置，然后单击，放置标注。

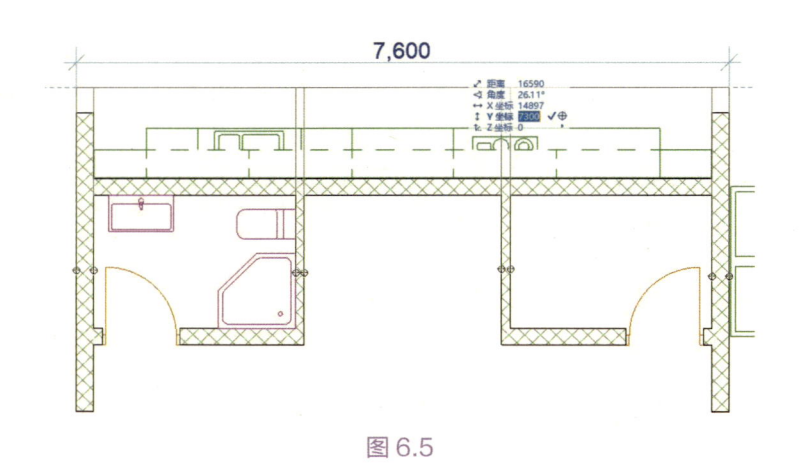

图 6.5

也可以基于已有尺寸标注位置放置新的尺寸标注。光标悬停在之前创建的尺寸标注上，输入"Y300-"然后按 <Enter> 键，在原有标注线下方 300mm 的位置放置新的标注线。

以上创建的尺寸标注是关联的，也就是说，当被标注的元素改变，尺寸标注也会自动更新。

第八步：按住 <Shift> 键，选择浴室、淋浴房和厕所的隔墙，然后单击被选中墙面的左侧边缘，拖曳选中元素，随光标移动到左侧墙的右边缘。输入"2200-"，然后按 <Enter> 键。这时我们完成了对卫生间宽度的调整，将卫生间净宽调整为 2200mm，如图 6.6 所示。

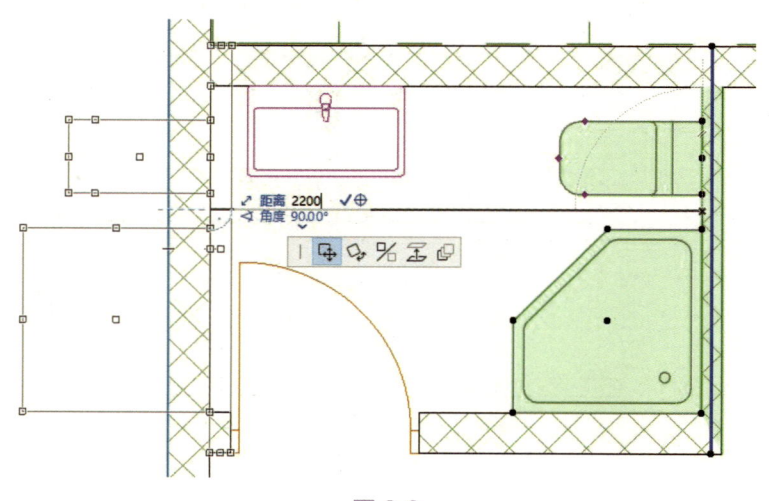

图 6.6

第九步：确保组合暂停。按住 <Shift> 键并单击鼠标选中底部的墙体，按下标准工具栏中的相交按钮，使卫生间底部墙体与右侧隔墙相交，如图 6.7 所示。

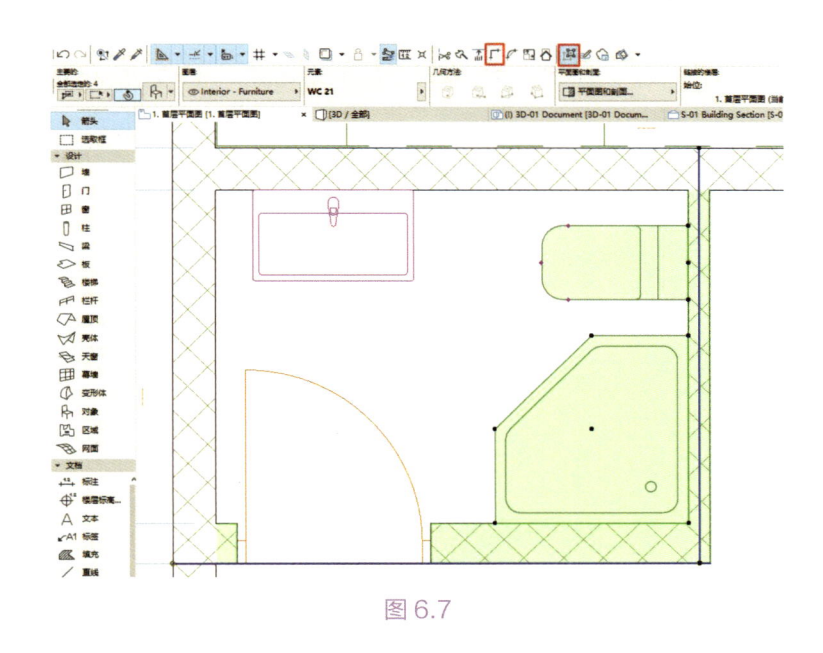

图 6.7

第十步：按 <Esc> 键退出元素的选中状态。

第十一步：以完全相同的方式，将右侧分区净宽修改为 2200mm（2200-），请注意标注的变化。

第十二步：单击左侧墙体的顶角和底角。双击空白处，将锤子光标移动到该墙的外表面，输入 "X300-" 并按 <Enter> 键，在距离左侧外墙面 300mm 的位置放置一道尺寸标注，如图 6.8 所示。

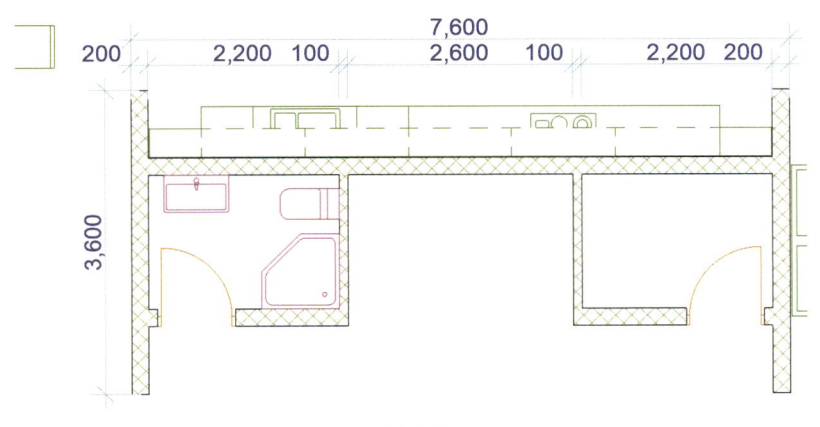

图 6.8

第十三步：按住 <Shift> 键，选中刚才创建的尺寸标注。按 <Ctrl/CMD> 键并单击两个纵墙，则可以在选中的尺寸标注中添加新的标注点，如图 6.9 所示。

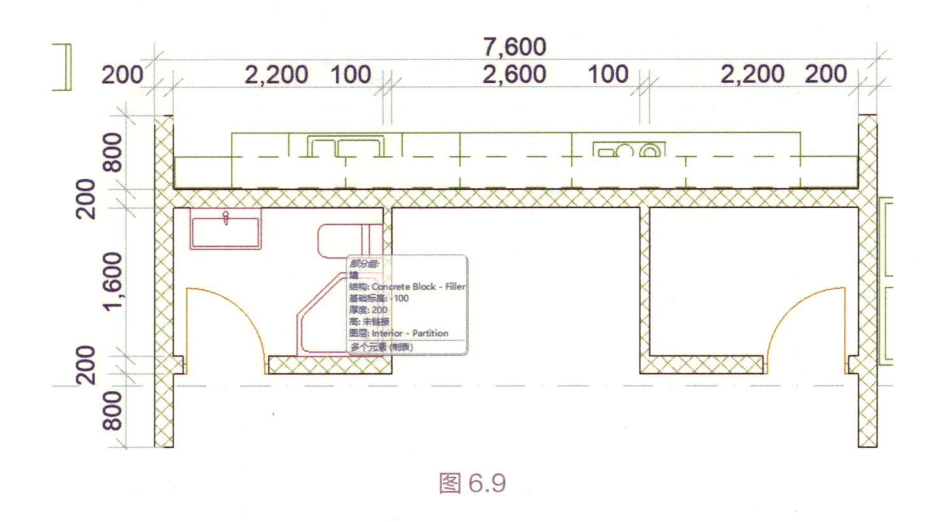

图 6.9

第十四步：单击刚才创建的尺寸线，然后在 Windows 中按下 <Alt> 或 <Ctrl> 键以激活移动复制命令。复制一道尺寸线并将其放置到原尺寸线左侧 700mm 的位置，如图 6.10 所示。

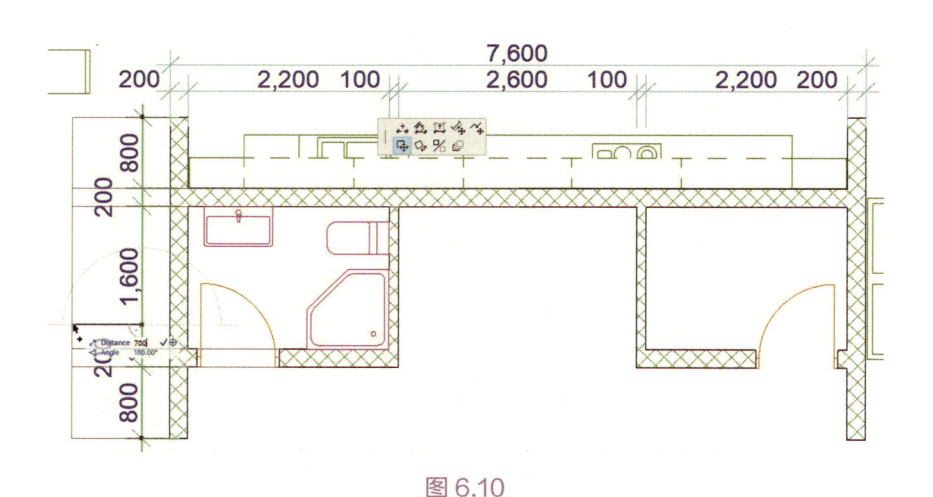

图 6.10

第十五步：按住 <Esc> 键以取消尺寸标注的选中状态。请注意，新尺寸仍然与标注元素相关联。

第十六步：按住 <Shift> 键并选择这个新尺寸标注所有的内部标注点，如图 6.11 所示。然后按 <Backspace> 键或 <Del> 键，删除这些标注点。

图 6.11

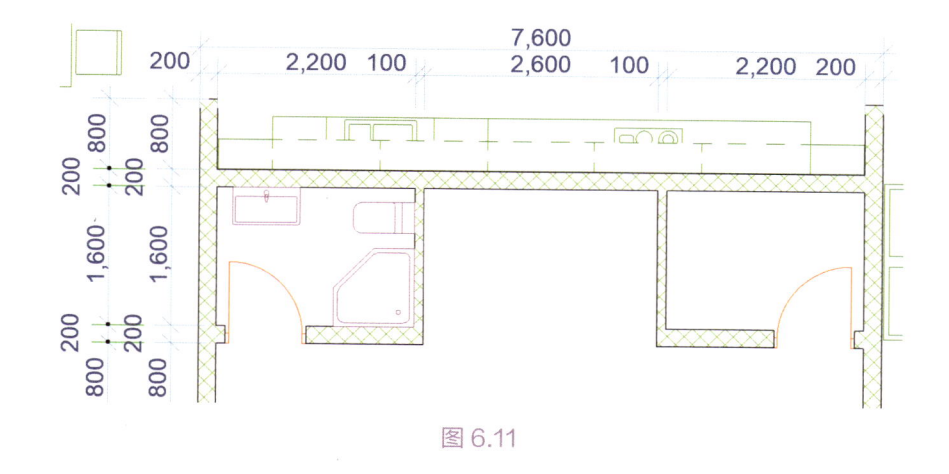

第 2 节　自动尺寸

自动尺寸标注是非常强大的工具，只需单击几下鼠标，就可以轻松创建平面图上最典型的尺寸标注。

第一步：激活墙工具，按 <Ctrl/ CMD + A> 键选择所有的墙。

第二步：使用"文档"→"注释"→"自动标注"→"外部标注"菜单命令。

第三步：在出现的对话框中，设置如图 6.12 所示。①选中"总体标注"和"标注洞口"；②"标注墙通过：外表面"；③取消"在四边放置标注"复选框。

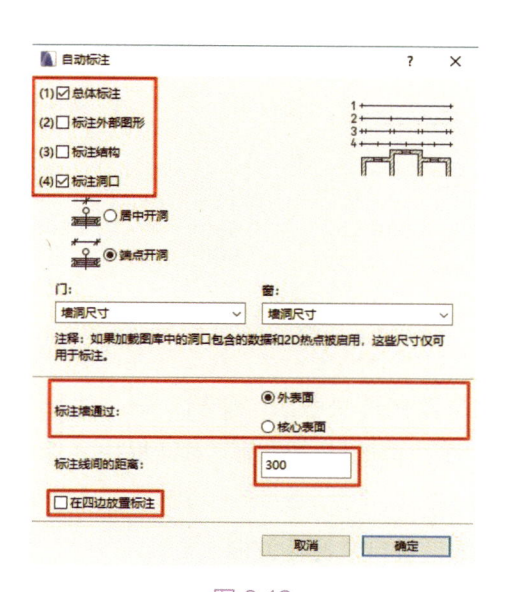

图 6.12

第四步：单击"确定"。

第五步：单击任意纵墙设置尺寸标注方向，如图 6.13 所示。

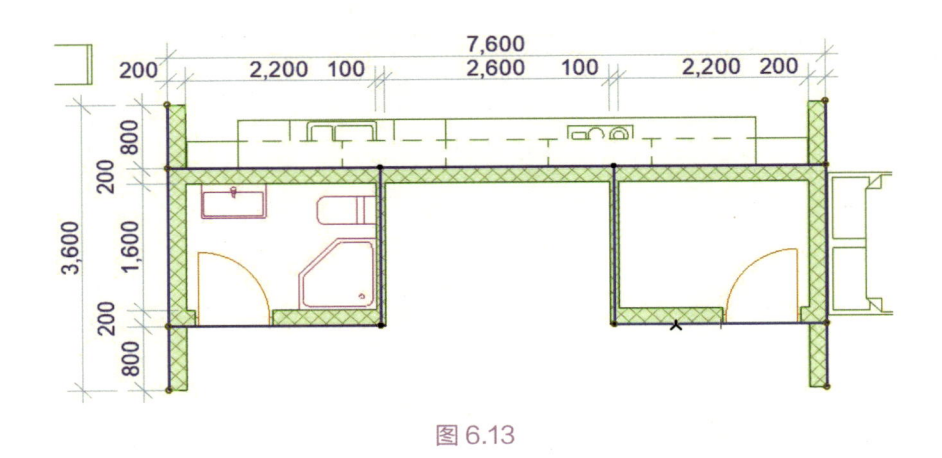

图 6.13

第六步：向下移动光标，单击鼠标以放置尺寸线。然后按 <Esc> 键取消墙体选中状态，如图 6.14 所示。

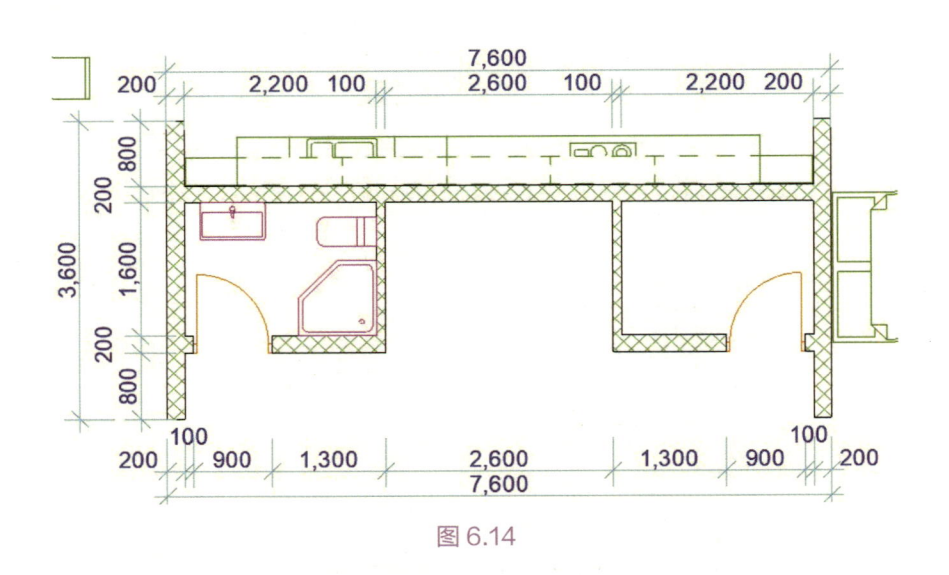

图 6.14

第七步：选择所有的幕墙并再次激活"文档"→"注释"→"自动标注"→"外部尺寸标注"菜单命令。在"自动尺寸标注"对话框中，选中"在四边放置尺寸"复选框，然后单击"确定"。

第八步：单击任意纵墙设置尺寸标注方向。

第九步：将光标移动到底部幕墙下方，单击鼠标放置尺寸标注并按 <Esc> 键退出，完成自动标注，如图 6.15 所示。

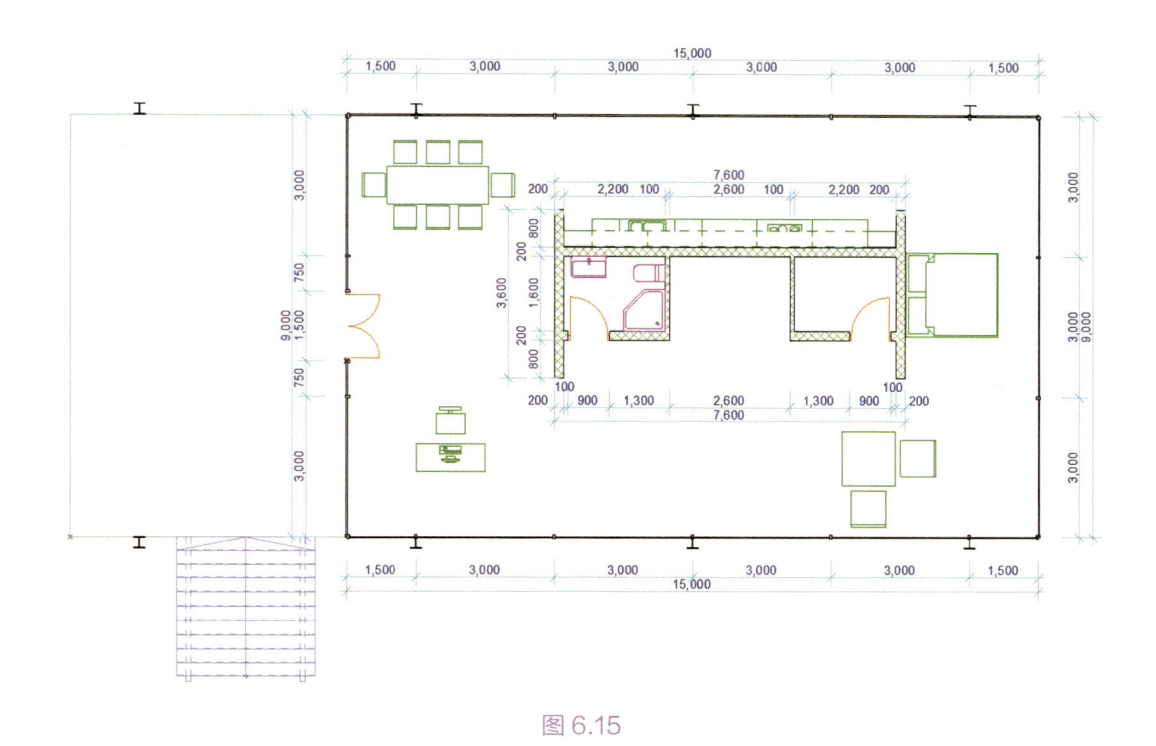

图 6.15

使用手动尺寸标注方法，为楼板和楼梯创建尺寸标注。

第十步：要拾取楼板右下方的参考点，可以将光标悬停在右下角点并按 <Tab> 键切换元素，直到板元素高亮显示，如图 6.16 所示。手动方式完成尺寸标注，如图 6.17 所示。

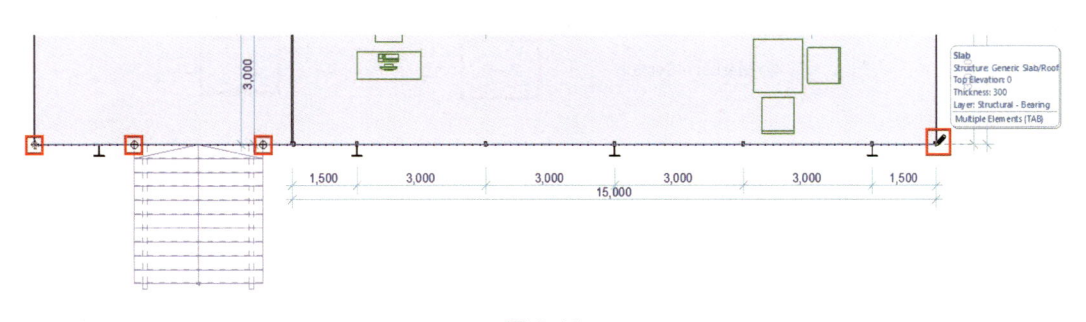

图 6.16

初识 ARCHICAD

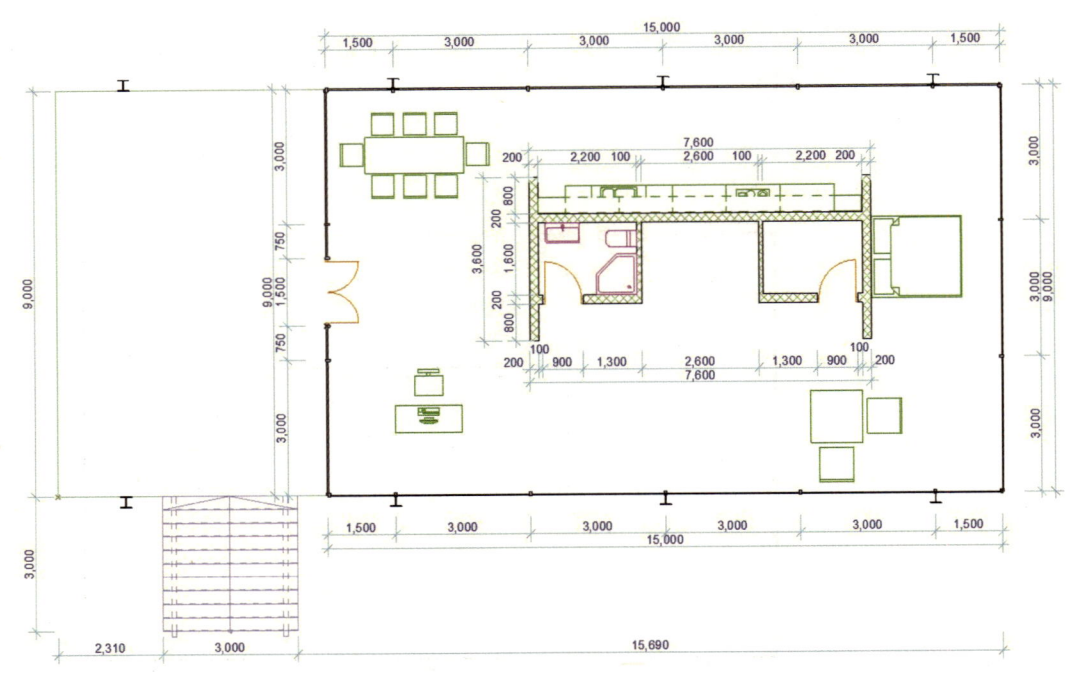

图 6.17

第3节　创建剖面图

使用 ARCHICAD 的剖面工具可以很容易地创建剖面标记和剖面图。

第一步：激活剖面工具。将水平范围设置为无限深度，几何方法选择单个，如图 6.18 所示。

图 6.18

第二步：单击鼠标，定义剖面线的两个端点，然后向上移动眼球光标，再次单击鼠标，设置剖面方向，如图 6.19 所示。

第三步：打开弹出式浏览器，新的剖面图视图将会在项目浏览器中自动创建，如图 6.20 所示。双击"S-01 建筑剖面"，在新的视窗标签中打开它。

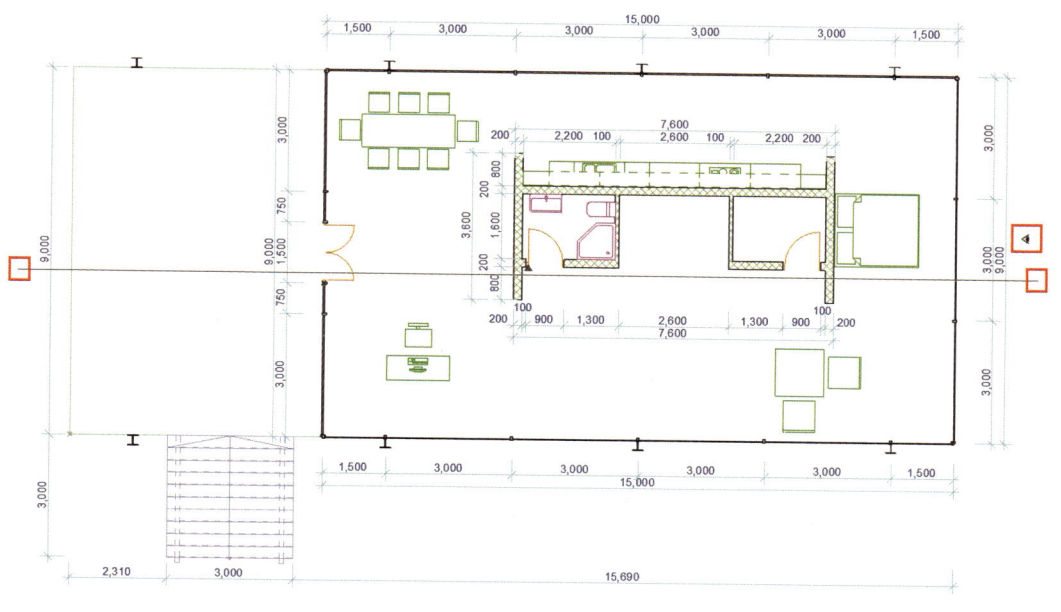

图 6.19

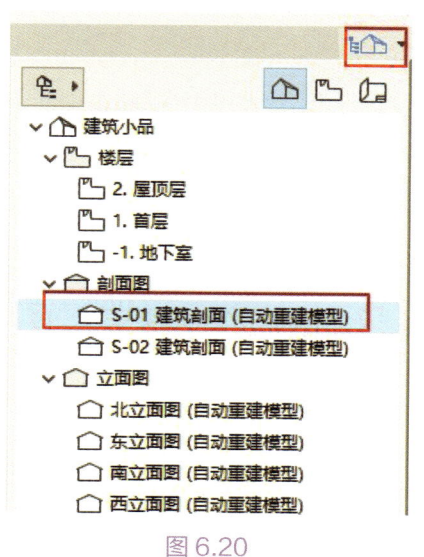

图 6.20

第 4 节　立面标注

立面标注工具支持用户在剖面、立面、室内立面图和 3D 文档窗口中放置标高标注。

第一步：激活标注工具，从收藏夹中选择"S/E 标高标注（2,0）"。

初识 ARCHICAD

第二步：单击平屋面顶部节点、地面顶部节点和钢柱底部节点，如图 6.21 所示。过程中可以使用 <Tab> 键切换目标元素。

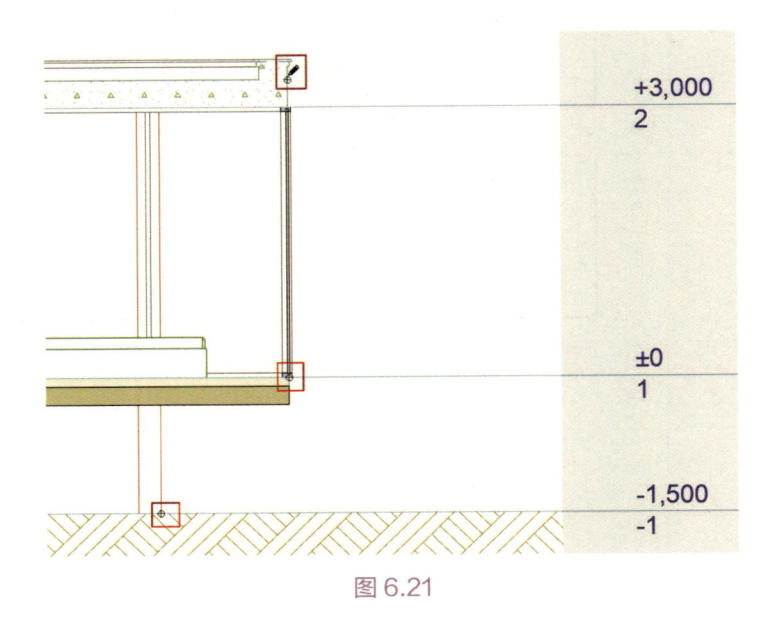

图 6.21

第三步：双击空白处，移动锤子光标来定位标高标注的放置位置，然后再次单击鼠标确认放置，如图 6.22 所示。

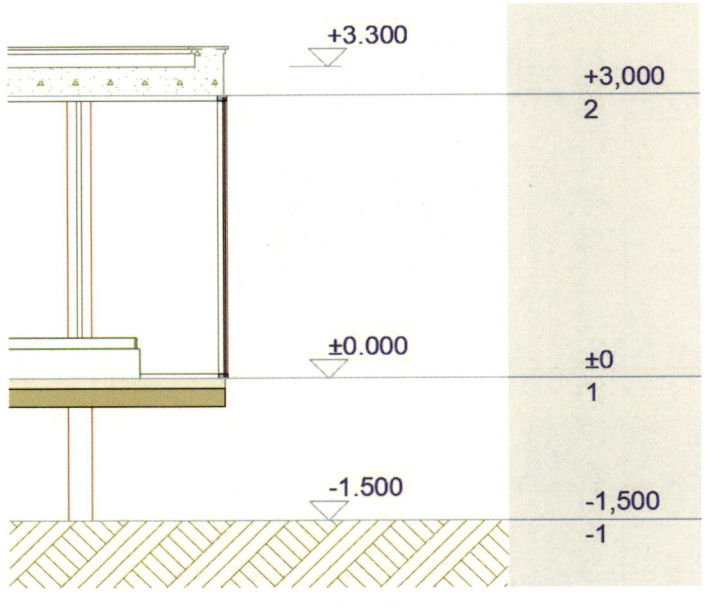

图 6.22

第四步：返回到"1. 首层视图"，激活剖面工具，创建楼梯位置的剖面，将剖面方向设置为右侧。右击该剖面线，在右键菜单中选择"用当前视图设置打开"，如图 6.23 所示。

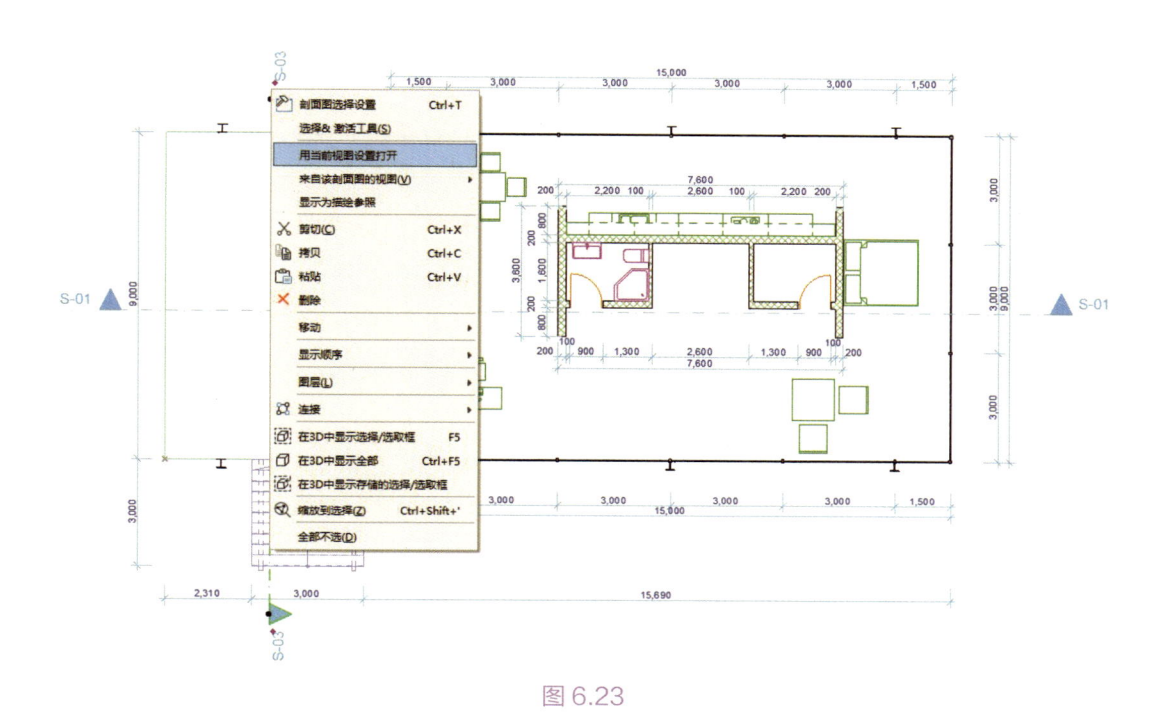

图 6.23

第五步：激活标注工具，在视图中添加标高标注，如图 6.24 所示。

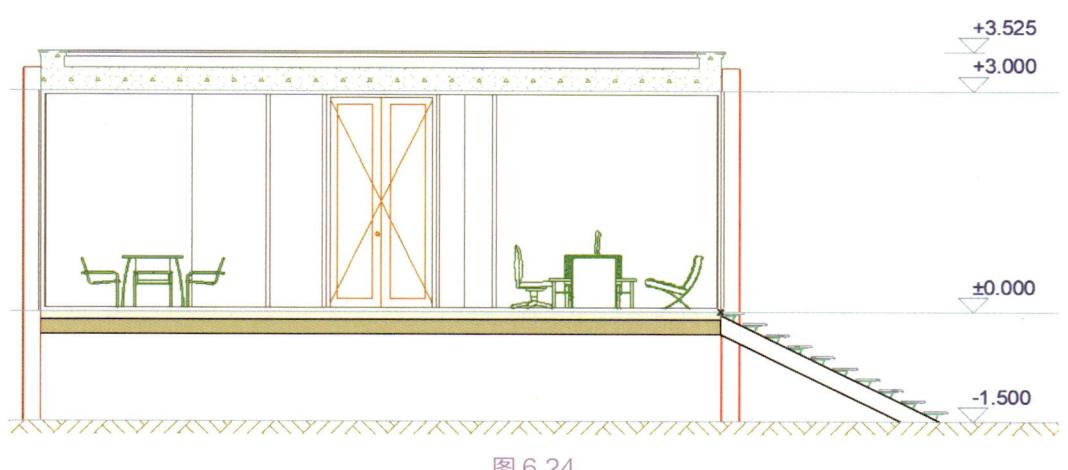

图 6.24

初识 ARCHICAD

第 7 课

可视化

- 第 1 节 渲染
- 第 2 节 导入背景图片
- 第 3 节 放置 2D 对象
- 第 4 节 创建 3D 文档
- 第 5 节 3D 样式

在本节课中，主要讲述内置渲染引擎的使用方法。我们主要学习如何通过后台图像和树状图来增强表现效果，同时我们也要学习创建 3D 文档和在 3D 模式下工作。继续在之前的项目上进行操作。完成本节课的学习后，我们将学会创建不同的 3D 展示文档并渲染 ARCHICAD 项目。

为了更深入地了解本节课的内容，请扫二维码观看视频，然后继续完成操作培训。

第 1 节　渲染

ARCHICAD 提供了各种可视化模式来展示设计成果。我们可以从项目浏览器的视图映射中选择预定义的渲染视图，如图 7.1 所示，第一种应用了内置的"CineRender 引擎"，而第二种增加了"白模效果"。

图 7.1

可视化渲染需要一些时间。当然，我们可以等到它完成，使用 ARCHICAD 软件的一个优势是在等待渲染的过程中，我们可以在其他视图中继续进行工作。

第 2 节　导入背景图片

导入背景图片按照以下步骤操作。

第一步：使用项目浏览器，在项目树状图中打开"南立面（自动重建模型）"，如图 7.2 所示。

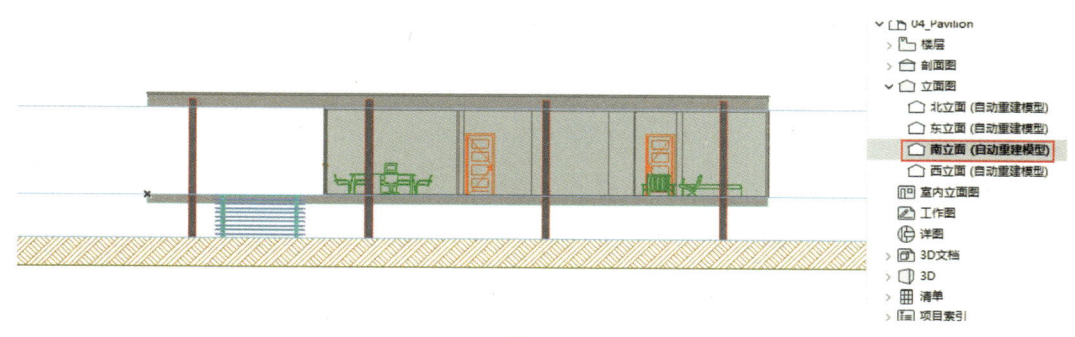

图 7.2

我们可以通过在立面图后添加一个背景图片来增强立面的表现效果。

第二步：双击工具栏中的插图工具，单击打开按钮来浏览图片文件所在路径，如图 7.3 所示。从 "C/Program Files/GRAPHISOFT/ARCHICAD 21/ARCHICAD 图库 21/[BImg] 背景图片 21/ 照片 1024x768 21" 文件夹（此路径为 ARCHICAD 软件安装路径，

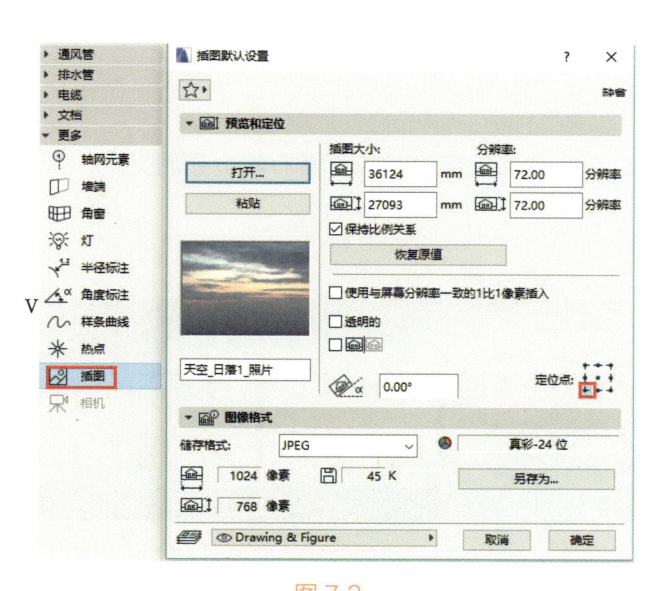

图 7.3

如用户自定义安装路径，请在其对应路径下查找）中选择"天空 – 日落 1– 照片"。设置左下角点为插入点。

第三步：单击"确定"。

第四步：单击网面左上角点来放置背景图片，如图 7.4 所示。

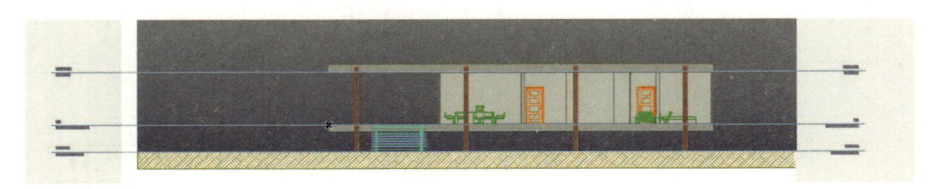

图 7.4

第五步：选中图片，在菜单栏中单击"编辑"→"重塑"→"调整大小"，在调整大小对话框中，勾选"图形化定义"复选框，然后单击"确定"。

第六步：单击图片左下角点，作为缩放的中心点。然后单击右下角点来定义原始尺寸，如图 7.5 所示。

图 7.5

第七步：最后，单击网面顶部边缘和立面右侧边界的交点，完成调整大小的操作，如图 7.6 所示。

图 7.6

第八步：按 <Esc> 键取消图片选中状态。

第 3 节　放置 2D 对象

ARCHICAD 有参数对象图库，使用它可以快速完成模型创建和文档绘制工作，让我们在立面图中放置一些树。

第一步：双击对象工具打开对象默认设置对话框。

第二步：在搜索框中输入关键字"树"并按 <Enter> 键，如图 7.7 所示。

图 7.7

第三步：选择"常绿 21"，打开"常绿 21"设置面板，切换到"2D 表现"选项卡，选择"侧视图"作为视图类型，并如图 7.8 所示，设置符号类型。

初识 ARCHICAD

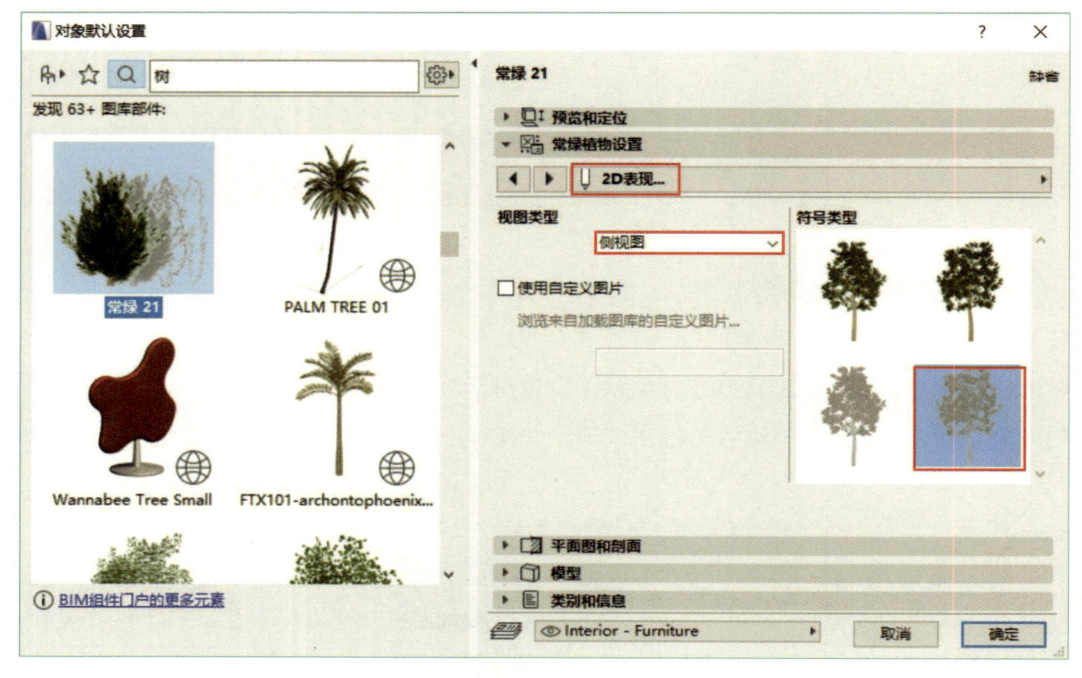

图 7.8

第四步：单击"确定"。

第五步：在立面视图中放置树。把树放在建筑后边，为了做到这一点，必须修改对象的显示顺序。按住 <Shift> 键，选择树，接下来右击鼠标打开右键菜单，选择"显示顺序"→"下移一层"命令，如图 7.9 所示，使用这个命令两次，即下移两层。

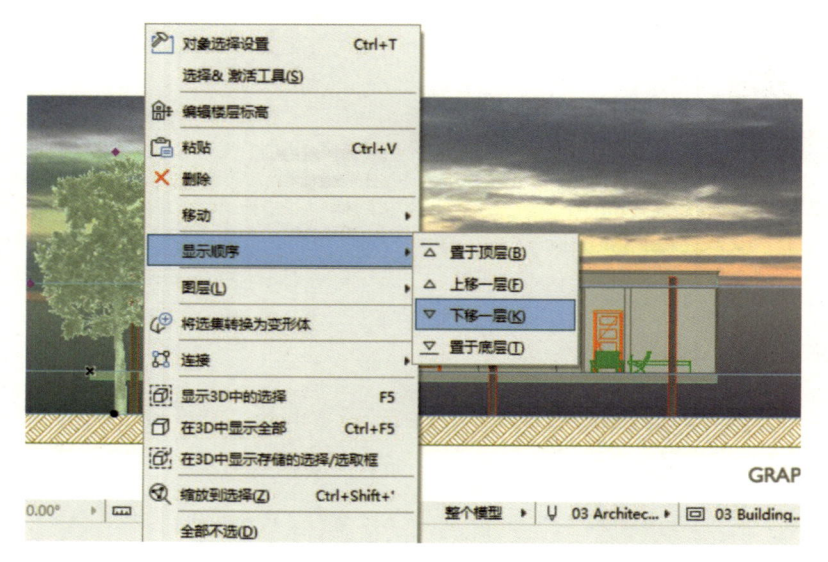

图 7.9

第六步：向右侧移动复制（在 Windows 电脑中按 <Ctrl+Shift+D>，在苹果电脑中按 <CMD+Alt+D>）一棵树，然后通过单击信息栏里的设置对话框打开对象选择设置对话框，如图 7.10 所示。

图 7.10

第七步：在"常绿 21"选项卡页面上，选择一个不同的符号类型单击"确定"，如图 7.11 所示。

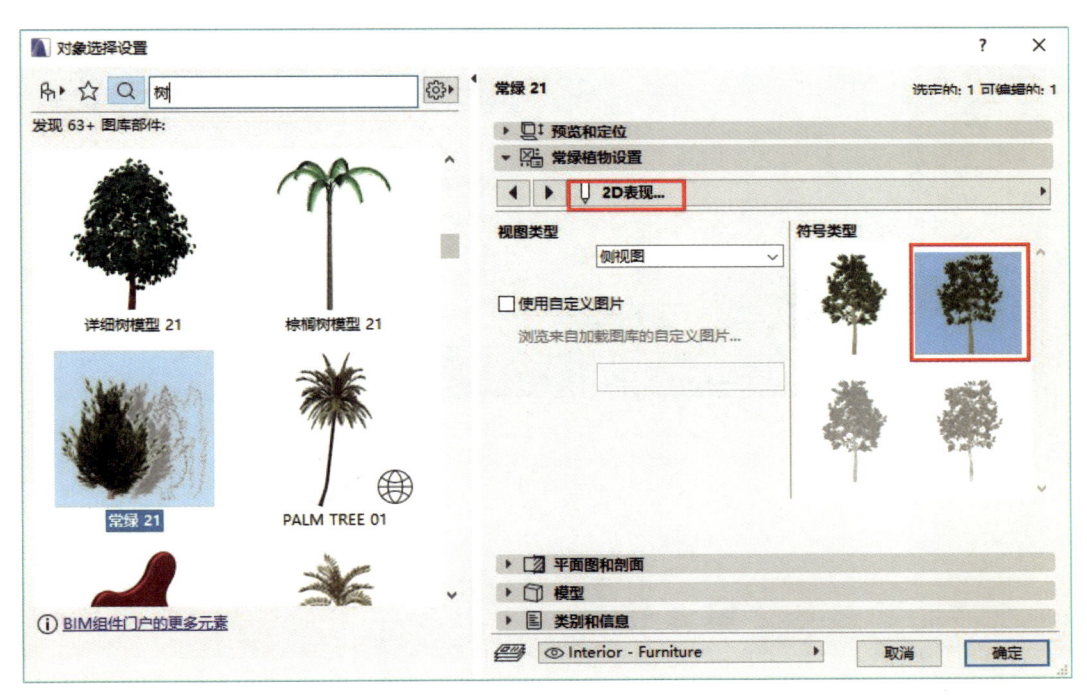

图 7.11

第八步：使用紫色热点，拉伸对象大小，如图 7.12 所示。

第九步：按 <Esc> 键取消树的选中状态，再次打开对象默认设置对话框，在搜索区域内输入关键字"人"，将一些轮廓对象添加到立面视图中，如图 7.13 所示。

图 7.12

图 7.13

第 4 节　创建 3D 文档

3D 文档是 ARCHICAD 一个独特的功能，用 3D 透视图或轴测图显示模型。3D 文档允许使用模型的 3D 视图作为创建文档的基础，可以在其中添加标注、标签及附加的 2D 绘图元素。

第一步：在项目浏览器 - 视图映射中打开"3D-01"文档，如图 7.14 所示。

图 7.14

第二步：激活标注工具，从收藏夹里选择"尺寸标注（3.0）"。
第三步：在信息框中，参照图 7.15、图 7.16 设置。
①文本位置：标注线上方；

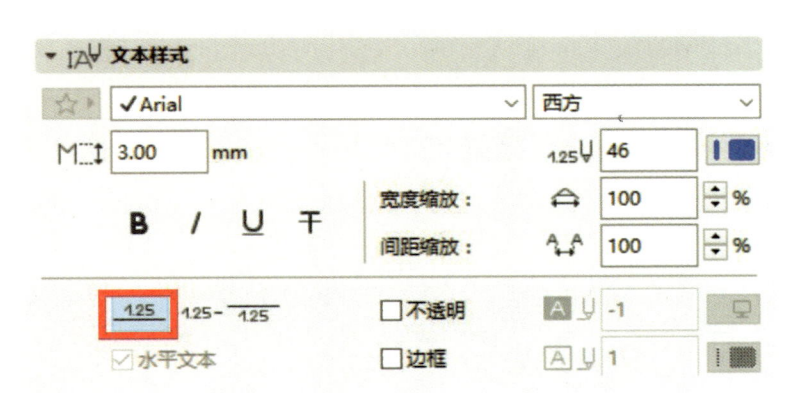

图 7.15

②标注平面：任意平面；
③几何方法：仅 X-Y。

图 7.16

初识 ARCHICAD

第四步：通过单击想要标注的点来放置标注，然后双击（结束标注点选择），用锤子状光标定位标注线，完成 3D 视图中的标注，如图 7.17 所示。

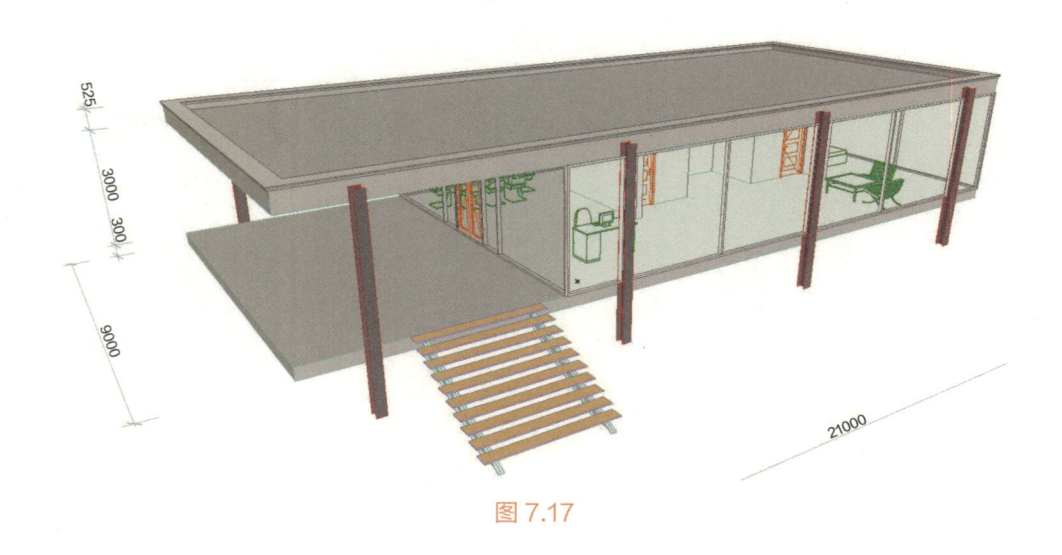

图 7.17

请看"图片 1"和"图片 2"的视窗标签，如图 7.18 所示（如果非活动标签上的相机图标附带了一个对勾标识，这意味着渲染已经完成）。打开视窗标签查看结果，如图 7.19、图 7.20 所示。

图 7.18

图 7.19

图 7.20

第 5 节　3D 样式

我们可以在 3D 窗口中应用不同的 3D 样式。转到 3D 窗口，查看如图 7.21 所示的实例。

右击鼠标并选择"3D 样式"→"工程制图"，如图 7.22 所示。

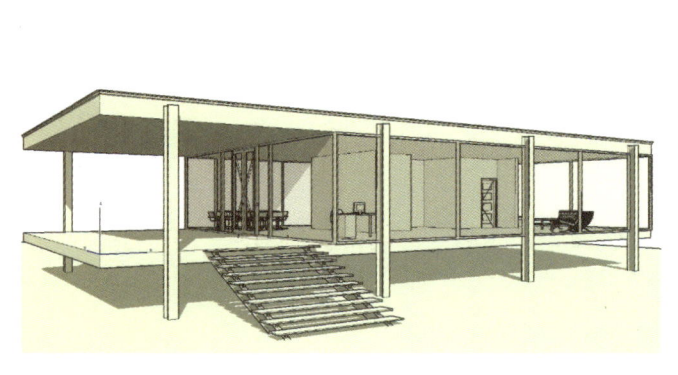

图 7.21 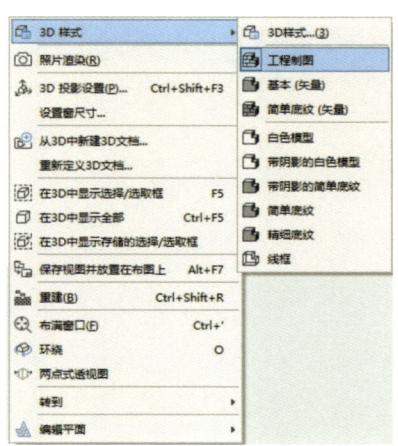　　　　　　　　　　图 7.22

我们已经完成本课内容，保存项目文件留待后续课程使用。

初识 ARCHICAD

第 8 课

布图

初识 ARCHICAD

　　带有图框的最终图纸文档可以在"图册"中找到。稍后,我们可以创建更多的布图,但是这里我们只创建一个包含几张图纸的布图。

　　为了更深入地了解本节课的内容,请扫二维码观看视频,然后继续完成操作培训。

　　第一步:激活项目浏览器中的"图册"面板,如图 8.1 所示。
　　第二步:双击建筑小品布图,如图 8.2 所示。

图 8.1　　　　　　　　　　　　　图 8.2

　　第三步:切换到视图映射。从楼层文件夹中选择"1.首层",右击鼠标激活"在布图上放置"命令,如图 8.3 所示。
　　第四步:移动光标到布图区域并单击放置选择的视图,如图 8.4 所示。
　　第五步:选择放置的视图,单击任意边并利用弹出式小面板修改该视图边框,如图 8.5 所示,从而调整视图显示范围。右击鼠标激活"移动"→"拖拽"命令,并移动该图纸到右上角。

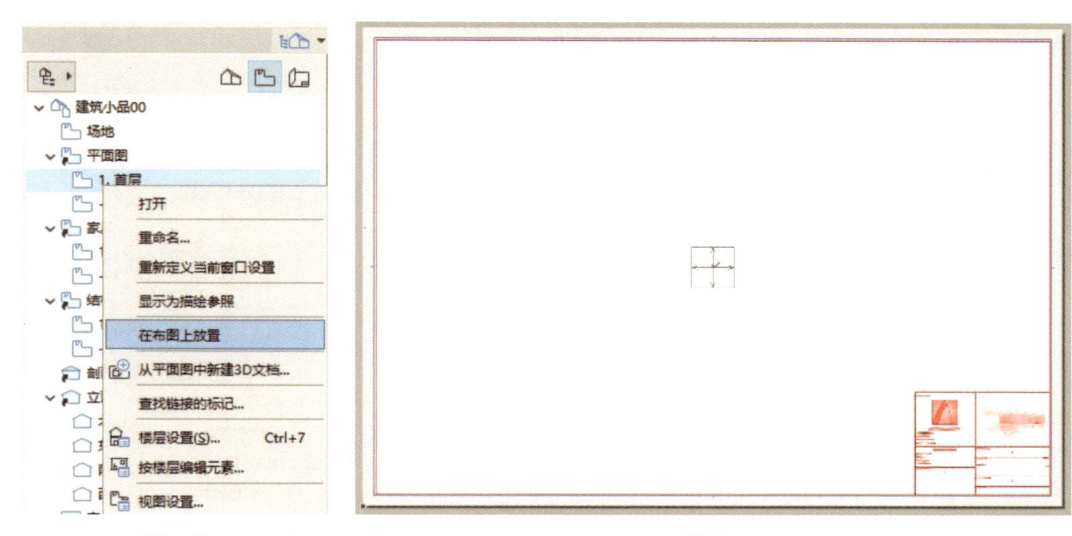

图 8.3　　　　　　　　　　　　　　　图 8.4

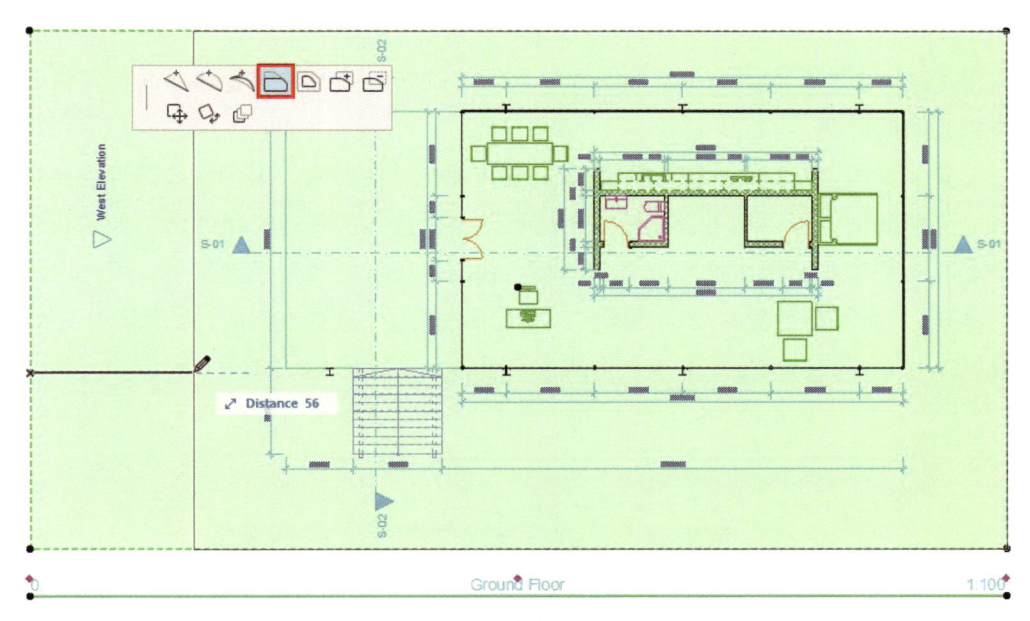

图 8.5

第六步：取消视图的选中状态。

第七步：如果不想逐个放置视图，单击浏览器左上角按钮并选择"显示管理器"，如图 8.6 所示。

第八步：设置管理器中左侧为"视图映射"和右侧为"图册"。

初识 ARCHICAD

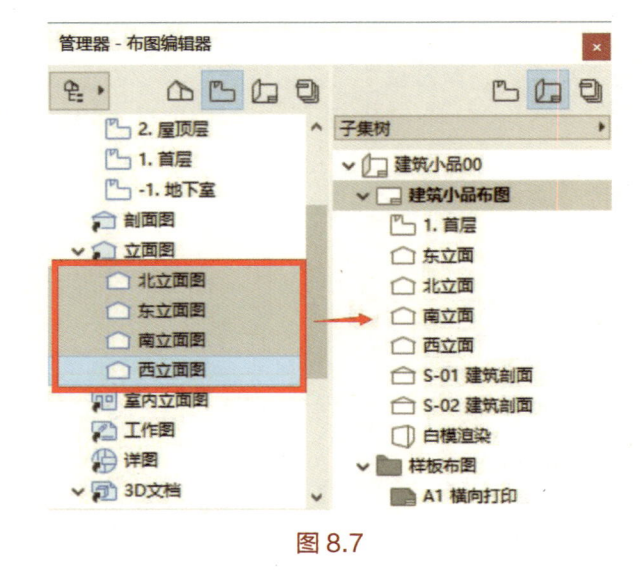

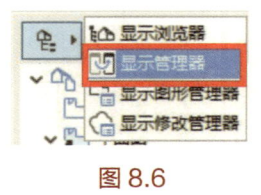

图 8.6

图 8.7

第九步：在视图映射中选择所有立面图并拖曳到"建筑小品布图"中，如图 8.7 所示。

第十步：放置其他图纸（剖面图和效果图）到布图中并关闭管理器面板，将图纸调整到正确的位置。

需要注意的是 CineRender 渲染图的放置需要花一些时间，因为这些图纸需要重新生成。当然我们也可以从可视化窗口中拷贝这些图片，但是这样做的话，如果我们修改模型，这些粘贴的视图将不会自动更新。视图中包含的各种元素都可以用作定位捕捉。例如，我们可以放置一个剖面图在一个立面图下方，选择剖面图，激活移动（<Ctrl/CMD+D>）命令，并捕捉元素节点将两张视图对齐，如图 8.8、图 8.9 所示。

图 8.8

第 8 课 布图

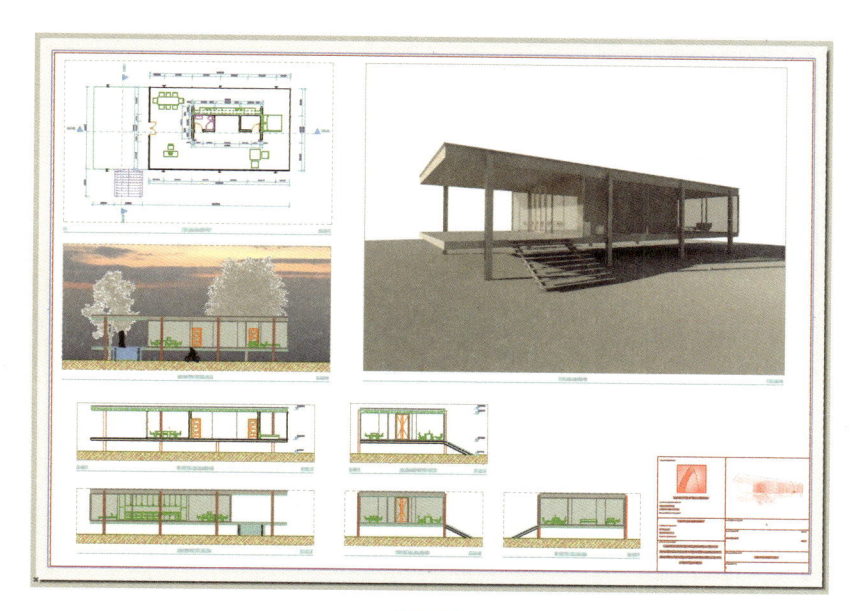

图 8.9

至此，我们完成了所有内容。